W0260912

ZEIT
WACH
S
1842

Peter Hagemann

Qualität im Arztlabor

Optimierung der Präanalytik

Mit 42 Abbildungen und 47 Tabellen

Springer-Verlag

Berlin Heidelberg New York London Paris Tokyo
Hongkong Barcelona Budapest

DR. PHIL. PETER HAGEMANN
Zentrallaboratorium
Kantonsspital
CH-8596 Münsterlingen

ISBN-13: 978-3-540-56419-5   e-ISBN-13: 978-3-642-93535-0
DOI: 10.1007/978-3-642-93535-0

Die Deutsche Bibliothek – CIP-Einheitsaufnahme
Hagemann, Peter: Qualität im Arztlabor : Optimierung der Präanalytik ; mit 47 Tabellen / Peter
Hagemann. – Berlin ; Heidelberg ; New York ; London ; Paris ; Tokyo ; Hong Kong ;
Barcelona ; Budapest : Springer, 1994

Satz: RTS, Wiesenbach
29/3145 – 543210 – Gedruckt auf säurefreiem Papier

Vorwort

Von Randbedingungen der Laboratoriumsmedizin ist hier die Rede, einem Thema, dessen Bedeutung zunehmend klarer erkannt wird: In einem vor eben 20 Jahren erschienenen Lehrbuch der klinisch-chemischen Diagnostik [247] stellt der Autor einleitend fest: „in der klinischen Chemie summieren sich die Gesamtfehler einer Analyse aus den Fehlern vor und während der Analyse". Logisch verknüpft mit der Präanalytik und im Stellenwert vergleichbar sieht er die Problematik der Referenzintervalle: „ein zweites großes Problem für die Bewertung chemischer Untersuchungen stellen die Normalwerte dar." Neben der Methodenabhängigkeit geht Prellwitz auf Geschlechts- und Altersabhängigkeit der Referenzintervalle, den Tagesrhythmus von Meßgrößen, Nahrungsaufnahme, körperliche Aktivität, Hämolyse, Bilirubinämie und Lipämie ein. Quantitativ allerdings beanspruchen diese Themen knapp 1 % des zitierten Texts (2 Seiten von 215). Zwanzig Jahre später räumt Keller in einem gegenwärtig führenden Lehrbuch der Klinischen Chemie [161] dem präanalytischen Themenkreis 41 von 455 Textseiten ein (9 %). Der Autor umreißt am Kapitelbeginn den Stellenwert des Themas wie folgt: „... ist deshalb so wichtig, weil bei vielen Parametern die Fehler der präanalytischen Phase weit größer sind als die unvermeidlichen Unschärfen der Analytik."

Im vorliegenden Text werden präanalytische Aspekte aus der ganzen Laboratoriumsmedizin zusammenfassend und in strukturierter Form mit der Zielsetzung „Gute Laborpraxis" behandelt. Das Schwergewicht liegt auf der Klinischen Chemie. Der Ansatz ist zwangsläufig interdisziplinär. Es kommt darauf an, aus theoretischen Grundlagen Regeln für professionelles Handeln abzuleiten, unabhängig davon, welcher Berufsgruppe (Arzt, Klinischer Chemiker, Schwester, MTLA, Arztgehilfin) die beteiligten Personen angehören. „Professionell" soll in diesem Zusammenhang nach US-Sprachgebrauch eine Person bezeichnen, die für eine bestimmte Tätigkeit ausgebildet ist und einer Organisation angehört, welche für die Einhaltung berufsethischer Regeln (Stichwörter: Diskretion, Höflichkeit, Geschicklichkeit, Aussehen, Auftreten, Ruhe, Hygiene, etc. [238]) sorgt und die erforderliche Kompetenz überprüft.

Ziel der Darstellung ist es, einen Beitrag zu leisten zum richtigen Befund, sind doch bekanntlich „falsche Daten schlechter als keine Daten. Auch die beinahe richtigen sind nur wenig besser. Sie verwischen die Grenzen zwischen Gesundheit und Krankheit" (Seligson, zitiert nach [109]). Dabei wird keine enzyklopädische Vollständigkeit angestrebt; vielmehr werden praktisch häufige und didaktisch wichtige Beispiele diskutiert. Die Daten beziehen sich ausschließlich auf den Menschen. Die Darstellung beschränkt sich auf die klassische Laboratoriumsmedizin unter Entnahme eines Specimens; transkutane Monitore und intravaskuläre Sensoren weisen spezifische präanalytische Gegebenheiten auf, eliminieren dafür eine ganze Reihe konventioneller Schwierigkeiten und Probleme. Es werden ausschließlich Specimen behandelt, deren Entnahme nicht zwingend eine ärztliche Handlung darstellt. Schlußfolgerungen, in konsiliarischer Form gezogen, sollen beim nächsten Untersuchungskreislauf zu „recognition and action" [335] führen.

Wie der Arzt bei der Diagnose einer Niereninsuffizienz nicht primär auf das gesunde Fußgelenk des Patienten hinweist, werden in diesem Text vor allem Schwachstellen im Nahtbereich von Klinik und Laboratorium aufgezeigt. Wenn auch die große Masse labormedizinischer Untersuchungen unproblematisch und effizient abgewickelt wird, könnten doch in erster Linie jene Untersuchungen, die klinische Weichenstellungen auslösen, von einer vermehrten Beachtung der präanalytischen Faktoren profitieren. Der Text mag gelegentlich unnötig „wissenschaftlich" erscheinen, wo es doch um triviale Dinge wie z. B. das korrekte Füllen eines Röhrchens geht. Es liegt mir daran, die aufgestellte Forderungen zu begründen und die Konsequenzen aufzuzeigen, die sich aus ihrer Nichtbeachtung ergeben. Dies in einer Zeit, da Laboruntersuchungen leicht verfügbar, „billig" geworden sind, was nicht selten zu Dilettantismus verleitet. Aus naheliegenden Gründen werden präanalytische Kautelen bei blutgruppenserologischen Abklärungen im Zusammenhang mit Transfusionen auffallend korrekt beachtet; weshalb nicht auch in anderen Bereichen der Laboratoriumsmedizin?

„Wir verstehen die Kunst aus ein paar alten Büchern ein neues zu machen" notierte Lichtenberg[1]. Will heißen, daß ich allen Kolleginnen und Kollegen, deren Arbeiten in irgendeiner Weise zu diesem Buch beigetragen haben, recht herzlich danken möchte. Dank gebührt gleichermassen meinen Mitarbeiterinnen und Mitarbeitern, von deren Erfahrung und exakter Beobachtung ich profitieren durfte.

Juni 1993   PETER HAGEMANN

---

[1] Sudelbücher F 135, 1776

Inhalt

Kapitel 5   Die Probe

Kapitel 6   Befund und postanalytisches Konsilium

Abkürzungen

AACC	American Association for Clinical Chemistry
ACE	Angiotensin converting enzyme
ACTH	Corticotropin
ADH	Vasopressin
AFP	α-Fetoprotein
Ag	Antigen
AHG	Antihumanglobulintest
Ak	Antikörper
ALA	5-Aminolaevulinsäure
ALAT	Alanin-aminotransferase
AMP	Aminomethylpropanol (Puffer)
ANA	antinukleäre Antikörper
AP	alkalische Phosphatase
aPTT	aktivierte partielle Thromboplastinzeit
ASAT	Aspartat-aminotransferase
AST	Antistreptolysintiter
AT III	Antithrombin III
B	Blut
BSG	Blutsenkungsgeschwindigkeit
CAP	College of American Pathologists
CEA	carcinoembryonales Antigen
ChE	(Pseudo-) Cholinesterase
CK	Kreatinkinase
CRP	C-reaktives Protein
d	Tag
DGKC	Deutsche Gesellschaft für Klinische Chemie
DNA	Desoxyribonukleinsäure
Ec	Erythrozyt
EDTA	Ethylendiamin-tetraessigsäure
EDV	Elektronische Datenverarbeitung
EIA	Enzymimmunoassay
ELISA	Enzyme-linked immunosorbent assay
EMIT	Enzyme-multiplied immunotechnique
f	nüchtern

F   Stuhl
FIA   Fluoreszenzimmunoassay
FPIA   Fluoreszenzpolarisations-Immunoassay
FSH   Follitropin

GGT γ-Glutamyltransferase
GLP   Gute Laborpraxis

HAMA human anti-mouse antibody
Hb   Hämoglobin
hCG   humanes Choriongonadotropin
HDL   high density lipoproteins
HES   Hydroxyethylstärke
hGH   Somatotropin
HIAA   5-Hydroxyindolessigsäure
HPLC   Hochleistungsflüssigkeitschromatografie

IDDM   insulinabhängiger Diabetes mellitus
IFCC   International Federation of Clinical Chemistry
INR   International Normalized Ratio
ISO   International Standardization Organisation
IUB   International Union of Biochemistry
IUPAC International Union of Pure and Applied Chemistry

L   Liquor cerebrospinalis
LAP   Leucinaminopeptidase
Lc   Leukozyt
LDH   Lactatdehydrogenase
LDL   low density lipoproteins
LE   Lupus erythematodes
LH   Lutropin

MCV   Mittleres Zellvolumen

NCCLS National Committee for Clinical Laboratory Standards (US)

P   Plasma
pO_2 Sauerstoffpartialdruck
Pt   Patient

S   Serum
Sem   Sperma
SGKC   Schweizerische Gesellschaft für Klinische Chemie
SI   Système International d'Unités
STH   Somatotropin

T_3 Triiodthyronin
T_4 Thyroxin
TAT   Lieferfrist (turnaround time)
Tb   Tuberkulose

TBG   Thyroxinbindendes Globulin
TDM   therapeutisches drug monitoring
Thc   Thrombozyt
TSH   Thyreotropin

U   Urin
U   Internationale Einheit

VMA   Vanilmandelsäure

Symbole

◊   Entscheidung

▱   Eingabe/Ausgabe

▭   Tätigkeit

↑   Erhöhung, Vermehrung

↓   Abnahme, Verminderung

=   unverändert

Ø   nicht vorhanden

>   größer als

<   kleiner als

Einführung

1 Über Laboratoriumsmedizin

„Klinische Chemie umfaßt die Erforschung chemischer Aspekte des menschlichen Lebens in Gesundheit und Krankheit und die Anwendung chemisch-analytischer Methoden zur Diagnostik, Therapiekontrolle und Verhütung von Krankheit" (offiziöse Definition für die IFCC von M. C. Sanz und P. Lous, zitiert nach [43]). In der dünnen Luft der reinen Lehre läßt sich Klinische Chemie als kantiger Globus mit dem Befund im Mittelpunkt charakterisieren (Abb. 1.1). Pole, die das Zentrum von allen Seiten beeinflussen, sind Forschung, Technologie und die verschiedenen Wechselwirkungen mit der Klinik.

Im Schichtenbau der realen Welt (Nicolai Hartmann) erscheint die Laboratoriumsmedizin als eine interdisziplinäre Beziehungswissenschaft, die von den Grund-

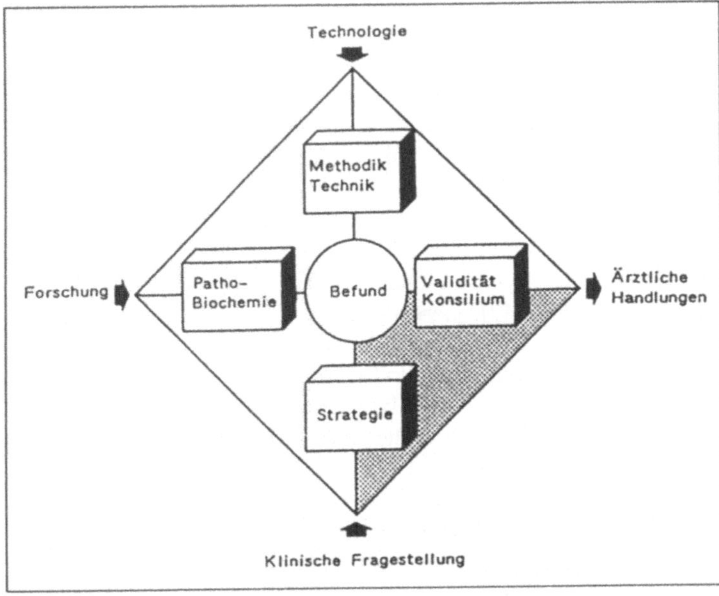

Abb. 1.1. Die Welt der klinischen Chemie (aus [178])

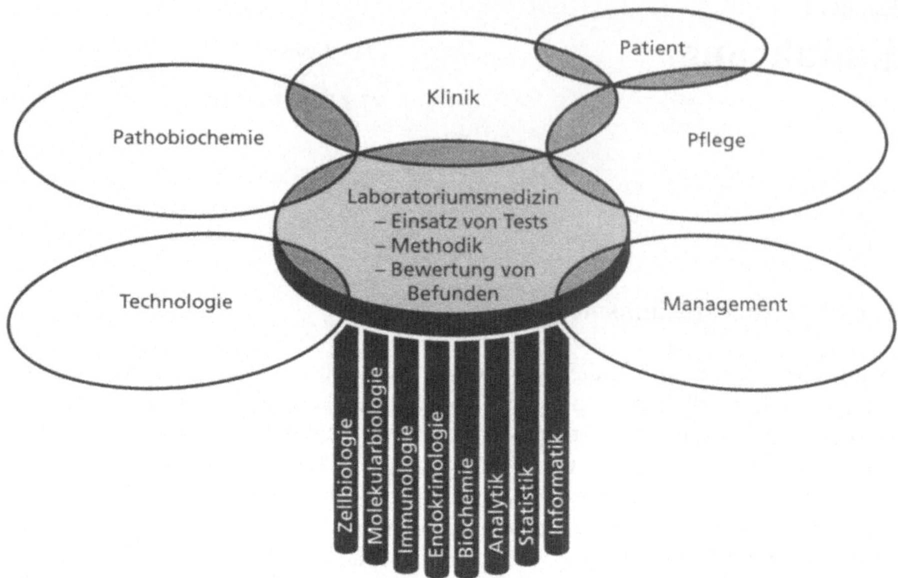

Abb. 1.2. Laboratoriumsmedizin im Spannungsfeld von Grundlagen und Nachbardisziplinen

lagen der theoretischen Ebene (Analytik, Biochemie, Endokrinologie, Immunologie, Informatik, Molekularbiologie, Statistik, Zellbiologie etc.) genährt wird und mit Nachbarbereichen Klinik, Pflegedienst, (Patient, Management, Technologie etc.) auf der praktischen Ebene partnerschaftlich kommuniziert (Abb. 1.2). Dabei gehört es genauso zu den Aufgaben des Faches, einen neuen Test für eine neue Krankheit zu evaluieren, Genauigkeit und Zuverlässigkeit der Analytik insgesamt zu verbessern wie auch sicherzustellen, daß die Blutsenkungsreaktion in der Klinik korrekt durchgeführt wird [196]. Oder zu gewährleisten, daß eine Patientin, die in der Apotheke ein Testbesteck für einen Schwangerschaftstest erwirbt, dieses sachgemäß anwenden kann. Darüber hinaus erfordert die erfolgreiche Tätigkeit als Klinischer Chemiker extrafunktionale Qualifikationen wie die Fähigkeit zum Dialog und zur Teamarbeit mit dem Kliniker [43]. Neben dem Fachgebiet Klinische Chemie (mit TDM und Klinischer Toxikologie) umfaßt die Labormedizin die Laborbereiche von Hämatologie (mit Immunhämatologie und Gerinnungsanalytik), Immunologie sowie Mikrobiologie. Das letztere Fachgebiet zeichnet sich durch Besonderheiten aus (z. B. Vielfalt der Specimen, klinische Relevanz von Befunden), sowie durch Aufgaben, welche über die Analytik hinausragen (z. B. Zusammenarbeit mit Krankenhaushygiene und Apotheke [304]).

Das angestrebte Produkt in der Tätigkeit des Klinischen Chemikers ist der **Befund.** Er entsteht in einem komplexen Untersuchungsgang aus vier Teilschritten (Abb. 1.3), die einzeln überprüfbar sind. In der Reihenfolge der Durchführung handelt es sich um

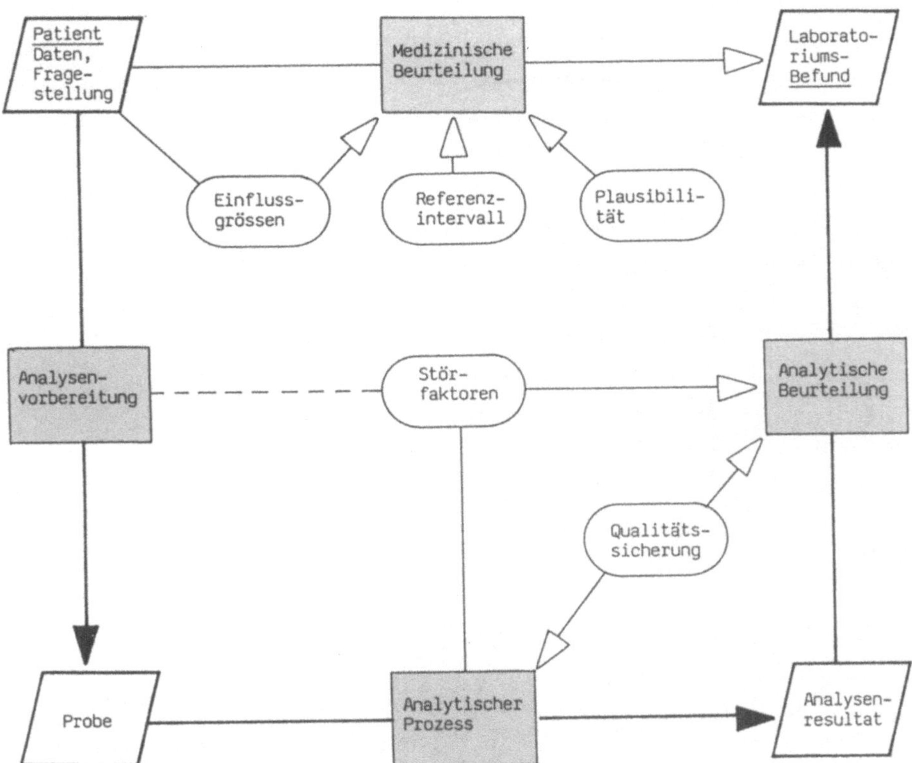

Abb. 1.3. Teilschritte der klinisch-chemischen Untersuchung (weiterentwickelt nach [301])

– Vorbereitung der Analyse
– Durchführung der Analyse
– analytische Beurteilung
– medizinische Beurteilung

Diese Teilschritte, in der Abbildung gerastert dargestellt, führen, ausgehend vom Patienten, jeweils zu einem Eckpfeiler des Untersuchungsprozesses, nämlich zunächst über das Specimen zur Probe, dann zum Resultat, und schließlich zum Befund. Dieser ist Basis für eine ärztliche Handlung. Der skizzierte Ablauf ist im Prinzip bei jedem Untersuchungsauftrag derselbe. Die Teilschritte sind bei selteneren Fragestellungen und aufwendigeren Untersuchungsgängen deutlich erkennbar; etwa bei einer Routine-Blutzuckerkontrolle sind sie bis zur Unkenntlichkeit komprimiert. Fehler können prinzipiell bei allen Teilschritten auftreten; zusätzlich kann eine falsche Indikationsstellung eine weitere Fehlerquelle bilden.

Auswahl von Meßgrößen und Indikationsstellung für Laboruntersuchungen sind Domäne des Arztes, unterstützt durch das präanalytische Konsilium mit dem Klinischen Chemikers. Korrektes Vorgehen bei der Analysenvorbereitung liegt im Zu-

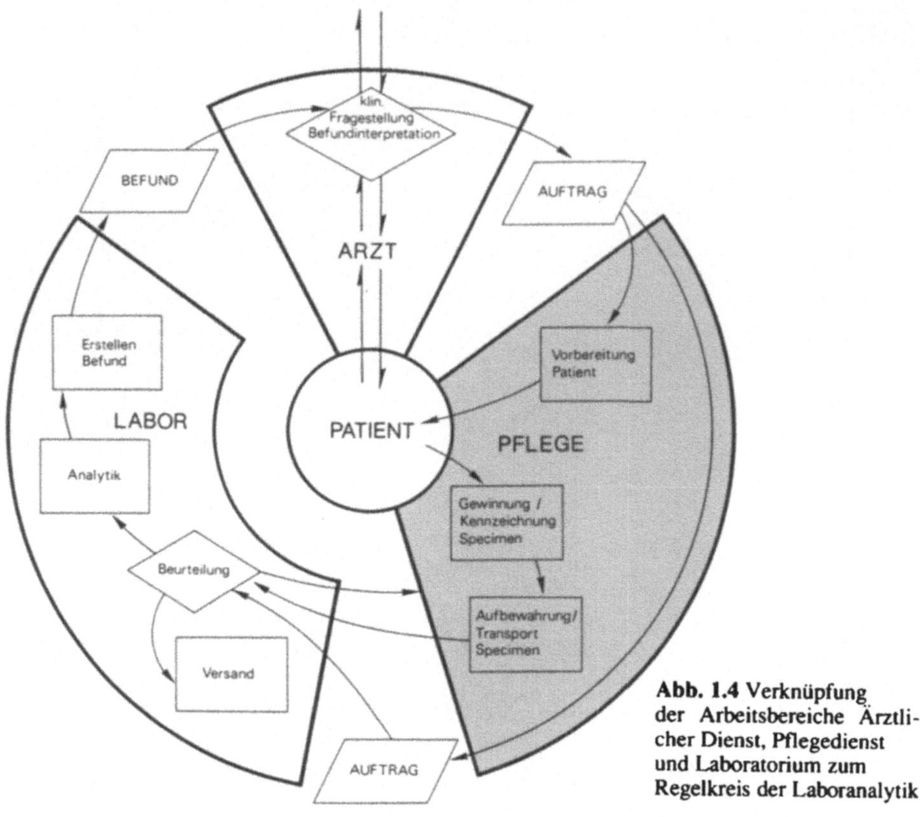

Abb. 1.4 Verknüpfung der Arbeitsbereiche Ärztlicher Dienst, Pflegedienst und Laboratorium zum Regelkreis der Laboranalytik

ständigkeitsbereich des Pflegedienstes und der MTLA. Die Analytik selbst und die Beurteilung ihrer Validität ist zentrale Aufgabe des zuständigen Laborfachpersonals. In die medizinische Validierung der Befunde teilen sich wiederum Arzt und Klinischer Chemiker.

In der Praxis sind im Rahmen der arbeitsteiligen Differenzierung im Krankenhaus vor allem die drei Arbeitsbereiche ärztlicher Dienst, Pflegedienst und Laboratorium an der Erstellung zuverlässiger Befunde mitbeteiligt. Sie sind im Sinne eines Regelkreises miteinander verknüpft (Abb. 1.4). Bindeglied zwischen Arzt und Pflegedienst ist der Auftrag. Er gelangt dann als Informationsträger in das Laboratorium. Der Informationsfluß wird abgeschlossen durch den Befund, den der Klinische Chemiker an den Arzt übermittelt. Auftrag und Befund sind die Nahtstellen zwischen Klinik und Laboratorium. Im Materialfluß obliegt die Gewinnung des Specimens (salopp „Probe") in der Regel dem Pflegedienst [70]. Dabei sind die Funktionen

– Vorbereitung des Patienten
– Gewinnung und Kennzeichnung des Specimens
– Aufbewahrung des Specimens

entscheidend für die Qualität des Untersuchungsmaterials und damit für die Zuverlässigkeit des Resultats.

2 Einsatz des Laboratoriums

Mit der Degeneration des klinischen Laboratoriums vom „sanctuaire réel" (Claude Bernard 1865, zitiert nach [42]) zum Analysenautomaten ist eine groteske Zunahme der Resultate pro Patient einhergegangen. Deren gedankliche Bewältigung hat damit vielfach nicht Schritt gehalten. Auf der Strecke geblieben sind wichtige Elemente naturwissenschaftlicher Erkenntnis, wie sie z. B. Bässler kürzlich in Erinnerung gerufen hat [20]: Zusammenhang und Diskrepanzen zwischen Stichprobe und Grundgesamtheit, Repräsentanz einer Stichprobe, Bestätigung oder Ausschluss eines Kausalzusammenhangs, Hypothesenbildung, Vergleich von Vorhersage und objektiver Tatsache, Verifikation/Falsifikation, Definition und disziplinierte Anwendung von Begriffen, Prognosenbildung aus beobachteten Trends, etc. Reste autistisch-undisziplinierten Denkens [23]?

Lindenmann schrieb bereits 1960 über den Umgang mit einem bakteriologischen Laboratorium Überlegungen nieder [189], die auch heute mehr denn je zutreffen: „Eine heute recht verbreitete Mentalität sieht im Laboratorium einen diagnostischen Automaten, von dem man auf bestimmte Fragen bestimmte Antworten bekommt; es genügt, alle Fragen zu stellen – dann kommt auch automatisch die Diagnose irgendwo heraus. Aber der Gesamtaufwand an Geld, Räumlichkeiten, Apparaten, geschultem Personal und Talent, der für diagnostische Zwecke zur Verfügung steht und jemals stehen wird, ist nicht unbegrenzt. Jede ohne Indikation durchgeführte Untersuchung ist nicht einfach Leerlauf, sondern sie bedeutet eine Verschlechterung in der Qualität wichtiger Arbeiten. Es ist eben nicht so, dass überflüssige Untersuchungen zwar wenig nützen, aber sicher nichts schaden – daß es sogar von ganz besonderer diagnostischer Sorgfalt zeugt, wenn man weiß, daß der Patient mit Unguis incarnatus einen negativen Wassermann und keine Tuberkelbazillen im Magensaft hat: für diese nichtigen Informationen wird ein viel zu hoher Preis entrichtet. Ihre Unzahl drückt zwangsläufig auf das Qualitätsniveau sämtlicher Untersuchungen; und selbst wenn man die Laboratorien riesenhaft vergrößern könnte, so daß sich sämtliche Untersuchungen mit der gleichen Sorgfalt durchführen ließen, dann müßte eben ein anderer Zweig der Medizin durch den Entzug geeigneter Kräfte leiden. Merkwürdigerweise geht die Degradierung des Laboratoriums zum diagnostischen Automaten mit einer grotesken Überbewertung des Einzelbefundes einher. Ragt einmal aus der Flut der nichtigen und negativen Befunde ein „positiver" heraus, so klammert man sich daran, oft gegen jede klinische Evidenz. Wir halten also an der Forderung fest: Laboratoriumsuntersuchungen sollen nur mit einer Indikation angefordert, nichts soll mit sturer Automatik durchgeführt werden; wir wollen mit der zur Verfügung stehenden Zeit, Kraft, Begeisterungsfähigkeit, Intelligenz haushälterisch umgehen, ein Maximum aus ihnen herausholen und sie nicht den hoffnungslosen Tretmühlen der Routine überantworten."

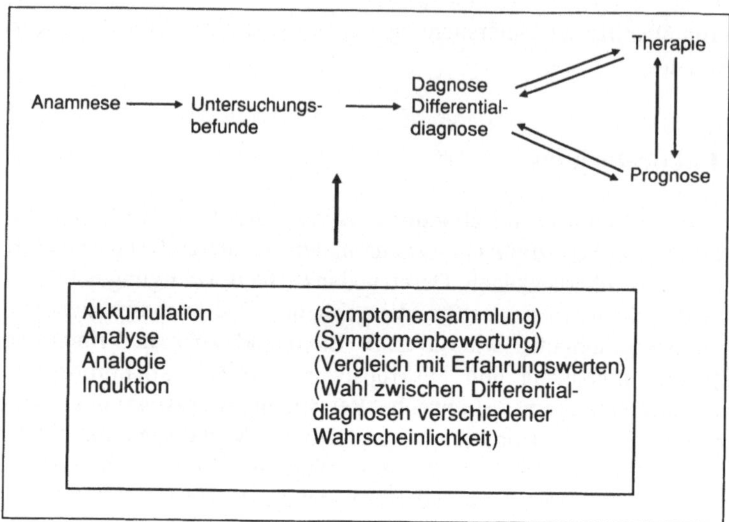

Abb. 1.5. Der Weg zum ärztlichen Handeln [226]

Aus der Sicht des Klinikers gilt über den rationalen Einsatz der Laboratoriumsdiagnostik [226]: „Heutzutage besteht die Kunst mehr darin, aus dem Überangebot an Methoden die effektivsten, aussagekräftigsten auszuwählen und richtig anzuwenden. Für jede diagnostische Maßnahme muß eine klare Indikation gegeben sein, die sich an dem zu erwartenden Nutzen für den Kranken orientieren muß" (Abb. 1.5). Wie oft wird der schiere Probenversand in ein auswärtiges Speziallaboratorium als „diagnostische Panazee" [109] betrachtet! Gross empfiehlt, Untersuchungen am Krankenbett und Untersuchungen im Laboratorium gleichmäßig und vorurteilsfrei einzusetzen, ihre Möglichkeiten und Grenzen zu prüfen, die Lücken der einen Seite durch die andere zu füllen und schließt: „je weniger Einseitigkeit, je mehr Ergänzung, je mehr wechselseitige Kontrolle, umso besser für alle – nicht zuletzt für den Kranken."

Laboratoriumsbefunde können nur dann von medizinischer Relevanz sein, wenn sie unter Berücksichtigung aller einschlägiger Kriterien erhoben worden sind [335], wobei dem Blickwinkel des Fragestellers eine ganz besondere Bedeutung zukommt: Nachweise für Screening-Zwecke zum Beispiel sollen eine möglichst geringe Rate an falsch-negativen Resultaten aufweisen, während eine Bestimmung zur Bestätigung einer Verdachtsdiagnose keine falsch-positiven Befunde ergeben sollte. In einer Stichprobe [203] entfielen bei niedergelassenen Ärzten 40 % der verordneten Laboruntersuchungen auf Screening (wörtlich „grobes Sieb", hier mit der vorwiegenden Absicht eines Ausschlußes von Krankheiten angewandt), 20 % dienten der Verlaufskontrolle, 30 % waren rein diagnostisch. Bei hospitalisierten Patienten entfielen 10 % der Aufträge auf Screening, 80 % auf Überwachung und Verlaufskontrolle, lediglich 10 % auf Diagnostik. Weitere Gründe für Laboruntersuchungen sind erfrischend offen in Tabelle 1.1 dargestellt, wobei sich leider der leichte Sarkasmus des englischen Originaltons in der Übersetzung nicht ganz adäquat widergeben ließ.

Tabelle 1.1. 36 Gründe für Laboruntersuchungen (übersetzt aus [330])

1. Bezogen auf den Arzt	**2. Bezogen auf die Analytik**
– Unkenntnis über Indikation und Grenzen	– Vorwert zweifelhaft
– Bestätigung einer klinischen Hypothese	– Test einfach und billig
– Diagnose	– Test leicht verfügbar
– Therapieüberwachung/Verlaufskontrolle	– Reiz des gedruckten und kommentierten Befunds
– Prognose	
– Check-up	
– Screening	**3. Bezogen auf den Patienten**
– Vorwert nicht verfügbar	
– Druck von oben	– Druck von Patient/Familie
– Unsicherheit	– Beschwichtigung von Patient/Familie
– Unterlagen komplettieren	– Patient erfreuen
– Überspezialisierung	– Zeit gewinnen
– Forschung	– Aktivität markieren
– Neugier	
– Frustration, weil keine anderen Möglichkeiten	
– Profitgier	**4. Bezogen auf die Verwaltung**
– Ausgangswert ermitteln	
– Ausbildung	– Krankengeschichte abschließen
– Studienprotokoll	– Einnahmen erhöhen
– Tradition	– Schemata einhalten (z. B. bei Eintritt,
– Gewohnheit	präoperativ, zum Austritt)
– Anregung aus soeben erschienener	– Gesetzliche Vorschriften erfüllen
– Publikation, Industrie, Kongress	
– Zeit schinden („fishing trip")	

3 Entwicklung der Analytik

3.1 Erreichter Stand

"Perfection of means and confusion of goals seem, in my opinion, to characterize our age." (Albert Einstein, zitiert nach [277])

In der Labormedizin wurden in den letzten drei Jahrzehnten signifikante Verbesserungen in folgenden Bereichen erzielt [310]:

– *Steigerung der* (analytischen) *Empfindlichkeit*, wodurch einerseits der Einsatz geringerer Mengen an Untersuchungsmaterial ermöglicht wurde, andererseits aber auch die Möglichkeit zur Bestimmung von Substanzen, die nur in sehr geringen Mengen in Körperflüssigkeiten vorkommen (Endokrinologie, Toxikologie).

– *Verbesserung der* (analytischen) *Spezifität*, wodurch nur der gesuchte Stoff, ohne Störung durch ähnliche Stoffe, bestimmt werden kann. Der entscheidende Durchbruch in diesem Bereich gelang durch die Einführung enzymatischer und immunologischer Methoden.

– *Steigerung der analytischen Zuverlässigkeit* durch die Einführung der statistischen Qualitätskontrolle (Abb. 1.6).

– *Minderung des Arbeitsaufwands* durch gezielte Rationalisierung und angemessene Mechanisierung.

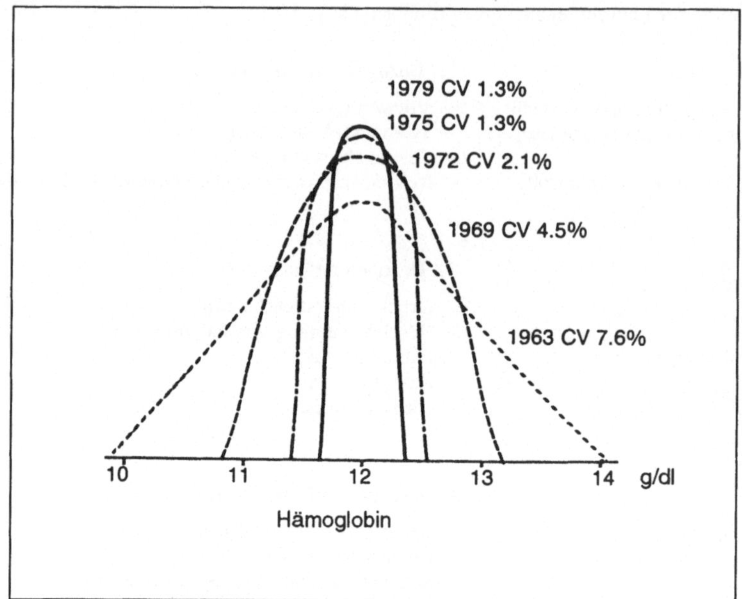

Abb. 1.6. Hämoglobinbestimmung: Ringversuche in Großbritannien mit zunehmender Reduktion des Variationskoeffizienten [186]

Die weitere, gezielte Verbesserung der analytischen *Genauigkeit* im Rahmen der Qualitätssteigerung wird mittels „analytical goals" angestrebt [47]. Heute wird überwiegend einer biologisch begründeten Definition dieser Ziele der Vorzug gegeben, also „hinreichende Genauigkeit" statt falschem Perfektionismus (87a): „Die analytische Impräzision sollte höchstens die Hälfte der individuellen biologischen Schwankungsbreite betragen."

Entsprechende Werte sind in Tabelle 1.2 angegeben. Mit diesem Instrument kann die eigene Leistungsfähigkeit titriert, Schwachstellen erkannt und in einzelnen Fällen behoben werden. Bei manchen Meßgrößen, z. B. den Proteinen, dürften die Ziele allerdings bis auf weiteres kaum zu erreichen sein. Im übrigen konnte zumindest für die kurative Medizin gezeigt werden, dass eine weitere Verbesserung der Präzision keine Verbesserung der diagnostischen Effizienz mit sich bringt ([87a], illustriert durch ein Zitat von Skendzel [292]: „Weitere Fortschritte [in der Verbesserung der Präzision] werden erzielt werden, doch unter Klinischen Chemikern greift zusehends die Auffassung Platz, dass solche Anstrengungen bedeutungslos sind. Wenn ein Arzt erst bei einem Blutzuckeranstieg von 5,5 auf 7,2 mmol/L reagiert, ist eine Verbesserung der Testpräzision um 2 % diagnostisch witzlos."). Ungleich höher freilich sind die Anforderungen an die Genauigkeit, wenn es gilt, Therapien zu überwachen, Verläufe zu verfolgen oder Befunde aus verschiedenen Institutionen zu vergleichen.

Für den Kliniker aussagekräftiger als die rein analytisch bedingte Streuung ist die zu erwartende Gesamtschwankung eines Meßresultats, einschließlich präanalyti-

Tabelle 1.2. Zielsetzungen für analytische Genauigkeit: Impräzision (Variationskoeffizient in %) vs. Unrichtigkeit (maximal zulässige Abweichung in %). Diese Werte sollten in mindestens 95 % aller Bestimmungen erreicht werden (aus [71b],[87a], [89]).

Meßgröße	Impräzision/ Unrichtigkeit	Meßgröße	Impräzision/ Unrichtigkeit
S-Natrium	0,3 / 0,2	S-Kalium	2,4 / 1,6
S-Calcium	0,9 / 0,7	S-Phosphat	4,0 / 3,0
S-Harnstoff	6,3 / 5,3	S-Kreatinin	2,2 / 2,8
S-Urat	4,2 / 4,0	S-Bilirubin	11,3 / 9,8
Triglyceride	11,5 / 15,6	Cholesterol	2,7 / 4.1
S-Proteine	1,4 / 1,5	S-Albumin	1,4 / 1.1
B,P-Glucose	2,2 / 1,9	TSH	8,1 / 8,9
ALAT	13,6 / 13,6	AP	3,4 / 6,4
CK	20,7 / 19,8	S-Amylase	3,7 / 6,5
Digoxin	3,8 / 3,9	Lithium	3,6 / 4,2
Theophyllin	11,1 /	Phenytoin	3,6 /
Leukocyten	6,7 /	Erythrocyten	2,1 /
Hämoglobin	1,2 /	Hämatokrit	1,3 /
Lymphocyten	5,4 /	Granulocyten	10,9 /
Thrombocyten	3,9 /	Monocyten	7,0 /

scher Einflußgrößen und Störfaktoren, verglichen von Tag zu Tag und von Labor zu Labor, und nicht nur innerhalb derselben Serie. Anhand von Ringversuchen läßt sich unschwer zeigen, dass trotz der Standardisierungsbestrebungen der letzten zwanzig Jahre das Ziel einer klinisch ausreichenden Genauigkeit der Meßresultate noch bei weitem nicht erreicht ist: In einer Stichprobe von 1537 mitteleuropäischen Laboratorien erreichten bei sechs Meßgrößen (Hydrogencarbonat, Calcium, Chlorid, Magnesium, Natrium, Triglyceride) nicht einmal die besten 10 % der teilnehmenden Laboratorien die klinisch erwünschte Präzision (Abb. 1.7).

Dieselben Feststellungen gelten im hämatologischen Laboratorium, wo das Kalibrationsmaterial zusätzliche Probleme aufwirft [187]: Anhand der INSTAND-Ringversuche konnte gezeigt werden, dass insbesondere die Leukozytenzählung nach wie vor eine inakzeptable Impräzision aufweist [133]. Dazu addiert sich in allen Fällen die Variation über die Zeit!

Noch schwieriger ist es, in der Urinanalytik sinnvolle Zielwerte für die zulässige Impräzision festzulegen, wo schon die Referenzintervalle die breite Streuung in der Menge auszuscheidender Stoffwechselendprodukte widerspiegeln. Tabelle 1.3 zeigt die Diskrepanz zwischen klinischen Erwartungen und erreichtem Stand der Analytik, aber auch die angesichts der biologischen Varianz teilweise unangemessen hohen klinischen Erwartungen.

Vollends arbiträr müssen analytische Zielwerte im therapeutischen drug monitoring festgelegt werden; die Bestimmung der Thromboplastinzeit zum Beispiel weist im therapeutischen Bereich eine – ausreichende – Impräzision von 3 % auf (im diagnostischen Bereich können aus methodischen Gründen freilich keine zuverlässi-

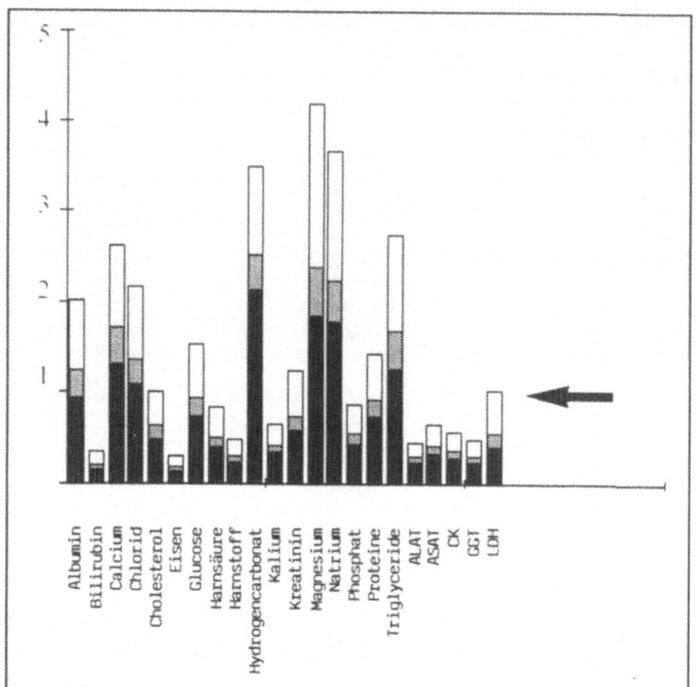

Abb. 1.7. Variationskoeffizienten für 22 Meßgrößen, umgerechnet in Vielfache des klinisch wünschbaren Ziels (Pfeil). Schwarz: Werte für die besten 10 % aller Laboratorien; gerastert: 20 %; weiß: 50 %. (Darstellung aus [121].

gen Aussagen oberhalb des oberen Referenzwertes getroffen werden). Dagegen ist eine Streuung von 5 % bei der Digoxinbestimmung an der Entscheidungsgrenze von 2,6 nmol/L ungenügend. Überdies haben sich mit dem zunehmenden Einsatz von Immunotests in allen Bereichen der Laboratoriumsmedizin eine Fülle neuer immanenter Probleme [172], Standardisierungsschwierigkeiten [157] sowie Matrixeffekte ergeben, welche noch weitgehend ungelöst sind.

An einem Symposium mit dem programmatischen Titel „Improvement of Comparability and Compatibility of Laboratory Assay Results in Life Sciences" wurde anhand der Meßgröße Cholesterol kürzlich auf die besondere Bedeutung analytischer Qualität und präanalytischer Schwankungen bei präventivmedizinischen Screening-Programmen hingewiesen [148]. Im Gegensatz zur mehr oder weniger bimodalen Verteilung einer Meßgröße in einer Stichprobe von Gesunden bzw. Kranken weist eine asymptomatische Bevölkerung eine unimodale Verteilung der Meßgröße auf, die nun nach festgelegten Entscheidungsgrenzen gegliedert werden soll. In der Stichprobe von Abbildung 1–7 erreichte zwar die Hälfte der Laboratorien einen Variationskoeffizienten von 3 %; an der klinischen Entscheidungsgrenze von 5,2 mmol/L bedeutet dies aber trotzdem, dass nicht eindeutig zwischen einem Resultat von 5,0 und 5,4 mmol/l unterschieden werden kann. In der anderen Hälfte der Laboratorien erst recht nicht!

Tabelle 1.3. Analytische Ziele (Standardabweichung) für die quantitative Urinanalyse (aus [85])

Meßgröße	Einheit	State of the art	Biologische Streuung	Klinische Erwartung
Natrium	mmol/L	5,0	15	0,7
Kalium	mmol/L	2,5	7,7	0,5
Harnstoff	mmol/L	10,0	36	3,6
Kreatinin	mmol/L	1,0	1,7	0,4
Calcium	mmol/L	0,1	0,6	0,2
Phosphat	mmol/L	1,25	3,3	0,7
Harnsäure	mmol/L	0,13	0,5	0,1
Osmolalität	mmol/kg	2,5	66	7
Glucose	mmol/L	0,5	06	0,7
Proteine	mg/L	50	9	10

Fazit: Der erreichte Stand im analytischen Bereich ist nicht durchwegs befriedigend. Immerhin sind mit dem Referenzmethodenkonzept [44] Instrumente und ein organisatorischer Rahmen geschaffen, um mittels standardisierter Methoden, definierten Kalibrationsmaterials und einer institutionalisierten Qualitätssicherung die Genauigkeit der Resultate auf das angestrebte Niveau zu verbessern.

3.2 Neue Ziele

Immer mehr setzt sich die Auffassung durch, daß Qualitätssicherung weiter greifen muß als nur bis zum Analysenresultat. Das Schlagwort ist „totale Qualität" [94]. Sie wird nicht zuletzt gekennzeichnet durch Kriterien aus der Sicht des Auftraggebers wie [277]

— Personal ist höflich
— Testwiederholung bestätigt in der Regel ursprüngliches Resultat
— Probenverwechslungen sind selten
— Resultate sind zeitgerecht verfügbar
— Befunde werden an den richtigen Adressaten gesandt
— Kompetente Gesprächspartner stehen für Rücksprachen zur Verfügung
— klare Informationen an Auftraggeber betreffend Specimengewinnung
— klinische Bedürfnisse werden entgegengenommen und erfüllt
— Beanstandungen werden behoben.

Juristische Aspekte wie Akkreditierung von Laboratorien, Klassifikation von Tests, Inspektionen, Dokumentation aller Prozeßschritte etc. gewinnen unter dem Stichwort „gute Laborpraxis" eine zunehmende Bedeutung.

Definition und Erreichen derartiger Qualitätsstandards sind ein steter Prozeß [171], welcher der dauernden Überprüfung bedarf [145]. Eine zusätzliche Dimension von zentraler Bedeutung für die Sicherstellung umfassender Qualität stellen die *präanalytischen* Aspekte von Laboratoriumsuntersuchungen dar. Sie sind Thema des vorliegenden Buches.

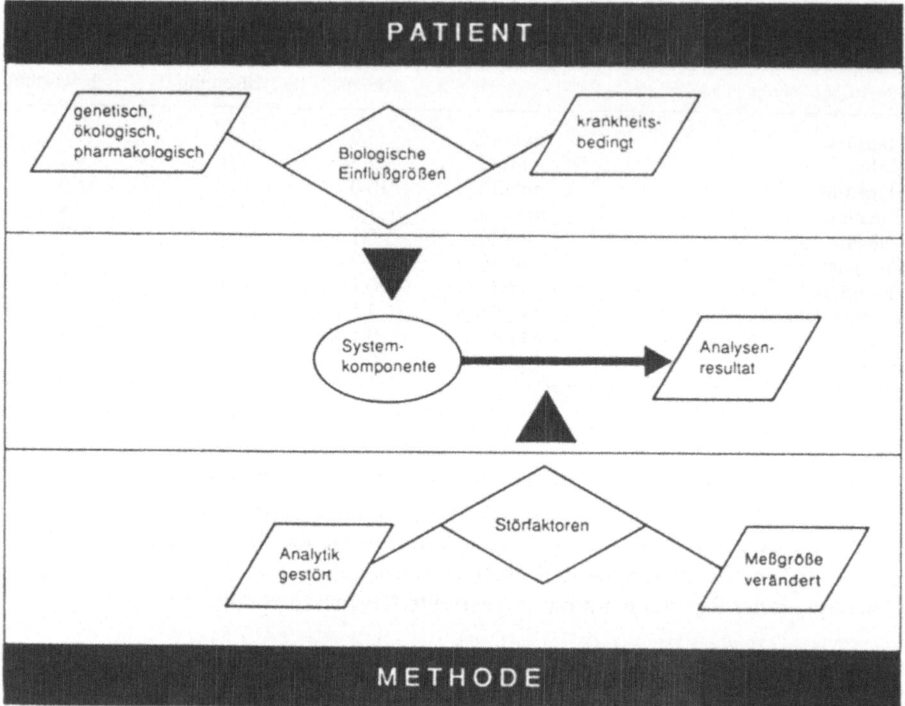

Abb. 1.8. Einflußgrößen und Störfaktoren auf der Achse von der Systemkomponente zum Analysenresultat (Darstellung aus [126].

4 Die präanalytische Phase

Im Gegensatz zur Analytik im engeren Sinne sind im präanalytischen Bereich die Fehlerquellen noch vielfältiger, die Verantwortlichkeiten häufig unklar, Standardisierungsmaßnahmen beim Patienten oft schlecht durchführbar, und überhaupt das Bewußtsein für die Wichtigkeit präanalytischer Faktoren vielerorts gar nicht vorhanden. Büttner wies bereits 1965 am Beispiel Kalium nach, daß der Gesamtanalysenfehler in einem höheren Maße auf der Probennahme beruht als auf der eigentlichen Analytik [41]. Auch in der Mikrobiologie verursachen z. B. Abstrichtupfer, die nicht im Transportmedium ankommen, mehr falsch-negative Resultate als die Laboranalytik selbst. Dasselbe trifft in der Hämatologie z. B. für den Störfaktor Mikrogerinnsel zu, der von ungenügender Mischung des Specimens mit dem Antikoagulans bei der Blutentnahme herrührt. Generell ist die Bedeutung der präanalytischen Fehlerquellen in der Routineanalytik wohl größer als die Summe der analytischen Probleme.

In Bezug auf das Analysenresultat werden **Einflußgrößen** von *Störfaktoren* unterschieden ([163], Abb. 1.8): Biologische *Einflußgrößen* führen in vivo zu qualitativen oder quantitativen Veränderungen der gemessenen Systemkomponente. Sie sind immer auf den Patienten bezogen. Ihr Einfluß ist unabhängig von der Spezifität

Tabelle 1.4. Präanalytische Faktoren. Gerastert: Durch Standardisierung der Probennahme zu eliminieren.

	nicht beeinflußbar	beeinflußbar
permanent	Geschlecht interindividuale Variation Rasse	
langfristig	Alter Sozialer Status Klima Geografie intraindividuale Variation Defekte - - - - - - - - - - - - - - Krankheiten	Gewicht Lebensgewohnheiten (?) Exposition (Beruf)
kurzfristig	Arzneimittel (?) Menstruation Schwangerschaft Laktation	Chronobiologische Faktoren Orthostase Körperliche Belastung Ernährung Genußmittel Streß Operative Eingriffe etc. Arzneimittel (?)
Entnahmebedingungen		Desinfektion Entnahmestelle
Specimenbehandlung		Haltbarkeit/Konservierung Gefäße Sammelzeiten

der analytischen Methode. Krankheiten wirken als biologische Einflußgrößen auf bestimmte Meßgrößen, die somit als Indikatoren für diese Krankheiten geeignet sind. Andere biologische Einflußgrößen sind nicht krankheitsspezifisch, überlagern jene und komplizieren damit den diagnostischen Prozeß. Sie lassen sich unterteilen in:

- Genetisch determinierte Faktoren, z. B. Geschlecht, Rasse, angeborene Störungen oder Varianten
- Ökologische Faktoren, z. B. Ernährung (qualitativ wie auch quantitativ), Klima und andere Lebensbedingungen
- „Leben" allgemein, z. B. Alter, Entwicklungsstadium, biologische Rhythmen.

Das analytische Resultat spiegelt im Rahmen der unvermeidbaren methodischen Impräzision den „wahren" Wert der Systemkomponente in vivo wider.

Störfaktoren zerfallen in zwei Gruppen:
- Faktoren, welche die Konzentration der zu messenden Systemkomponente in vivo oder in vitro verändern (z. B. Kalium infolge Hämolyse).

Tabelle 1.5. Standardisierungsobjekte und Einflußbereiche in der präanalytischen Phase (erweitert nach [111])

Vorbereitung	Specimen-entnahme	Material	Transport	Vorverar-beitung	Proben-verwahrung	Ökologie
Patient <->	Arzt <->	Schwester<->	Bote <->	MTLA	MTLA	MTLA
Diät	Intervall für Wieder-	Nadel	Dauer	Dauer	Temperatur	Entsorgung
Alkohol	holungen	Gefäße	Temperatur	g-Zahl	Volumen	
	Tageszeit					
Sport		Additive	Licht	Temperatur	Dauer	
	Körperlage					
Diagnostik		Vakuum	Mechanische	Trennmittel	Verschluß	
	Stauung		Belastung			
Therapie,		Codierung		Filter		
vor allem	Katheter		Verschluß			
Arzneimittel						
	Technik					
		cave:	Kontamination/Hygiene			
			Verwechslung			
			Terminologie			
			Vertraulichkeit			

– Faktoren, welche von der zu messenden Systemkomponente verschieden sind (systemeigene Komponenten wie Hämoglobin oder Bilirubin, aber auch Xenobiotika wie Arzneimittel oder Plasmaexpander), aber die Analytik stören. Sie können durch Verbesserung der Spezifität im Prinzip eliminiert werden.

Analysenresultate unter dem Einfluß von Störfaktoren widerspiegeln nicht die Verhältnisse in vivo und sind deshalb prinzipiell „falsch".

Selbstverständlich sind vielfältige Kombinationen von Einflußgrößen und Störfaktoren möglich. Insbesondere bei kumuliertem Auftreten können Einflußgrößen und/oder Störfaktoren eine Systemkomponente, die an sich im Referenzintervall wäre, falsch-pathologisch werden lassen oder aber umgekehrt ein an sich pathologisches Resultat in den Referenzbereich rücken. Vom praktischen Standpunkt aus ist es sinnvoll, zwischen nichtbeeinflußbaren und beeinflußbaren Faktoren zu unterscheiden (Tabelle 1.4). Grundsätzlich geht es darum, die nichtbeeinflußbaren Faktoren bei der Befunderstellung in Rechnung zu stellen. Dagegen können die beeinflußbaren Faktoren durch Standardisierung aller Verfahrensschritte von der Vorbereitung des Patienten bis zu Analyse vermindert oder vermieden werden. Eine mögliche Aufteilung der entsprechenden Verantwortungsbereiche im Krankenhaus ist in Tabelle 1.5 widergegeben.

Synoptisch sind somit die pathobiochemischen Variationen einer Meßgröße des Laboratoriums vor dem Hintergrund der Unschärfe der Analytik zu sehen, potenziert durch die zusätzlichen Einflüsse und Störungen der Präanalytik (Tabelle 1.6).

Tab. 1.6. Charakterisierung von Meßgrößen des Laboratoriums (zwei Beispiele, Daten nach [84, 90])

Meßgröße	S-Triglyceride		P-Phosphat	
Methode	enzymatisch, Variationskoeffizient: 3%		Molybdat, Variationskoeffizient: 2 %	
Referenz- intervall (20–30 a)	2,5.　　50.　　97,5. Zentile		2,5.　　50.　　97,5. Zentile	
σ (mmol/L)	0,30　　0,70　　1,75		0,70　　0,95　　1,22	
$\mathcal{Q}$ (mmol/L)	0,20　　0,60　　1,25		0,72　　1,00　　1,27	
Resultat Präanalytik	**erniedrigt**	**erhöht** 1 h nach Mahlzeit: + 60 % Orthostase:　　+ 11 % Übergewicht:　　+ 50 %	**erniedrigt** Übergewicht	**erhöht** Konservation bei –30°C: +6% 2–3 h nach Mahlzeit: + 8–15 %
Physiologische Schwankungen	Alter: Neugeborene　– 50 % > 80 a　　　　　　– 29 %	Schwangerschaft: + 200 % Alter: + 30 %	σ 65–80 a: – 5 % Pubertät: – 8 %	körperliche Aktivität: + 10 % Menopause: + 10 % Kinder 4–10 a: + 30 % circadiane Rhythmen: 11–23 %
Genußmittel		Nikotin: +16 % Alkohol: +100 %	Alkohol: – 8 %	
Arzneimittel als Störfaktor	Ascorbinsäure (Trinder)		Ascorbinsäure: –10%	Liposyn: + 7–42 %
Arzneimittel als Einflußgröße	Nikotinsäure Ascorbinsäure	Kontrazeptiva: +40 % (estrogenarme: ∅)	Kontrazeptiva: –7 bis 15% Antiepileptika: –7%	Antihypertensiva: + 6–13 %
Pathologische Verände- rungen	Kachexie Malnutrition Abetalipo- proteinämie	Hyperlipoproteinämie IV, IIb Cholestase hämol. Anämie Diabetes Myokardinfarkt	respiratorische Alkalose Hyperparathyreose hämolytische Anämie diabetische Ketoazidose renaler Diabetes	M. Paget Knochenmetastasen Osteoporose Vitamin-D-Intoxikation lymphatische Leukämie Hypoparathyreose Niereninsuffizienz

Kapitel 2

Auftrag und präanalytisches Konsilium

*„Je besser gefragt wird,
desto zuverlässiger das Resultat"*
(M. Eggstein, Tübingen)

1 Ärztliche Fragestellung

„Die Anforderung von Laboruntersuchungen ist eine ärztliche Maßnahme mit diagnostisch-therapeutischen Konsequenzen und trägt daher den Charakter einer ärztlichen Verordnung. Sie bedarf deshalb auch grundsätzlich der schriftlichen Form und der Unterschrift des Arztes. Mit seiner Unterschrift bestätigt der Arzt, daß die Untersuchung notwendig und für den Patienten zuträglich bzw. ärztlicherseits vertretbar ist. Darüber hinaus werden mit der ordnungsgemäßen Ausstellung des Laboranforderungsbelegs die Repräsentanz des gewonnenen Untersuchungsmaterials und die Richtigkeit der für spezielle Untersuchungen erforderlichen Daten wie Alter, Geschlecht, Körpergröße und Körpermaße des Patienten, Abnahmezeit usw. bestätigt" [76]. Insbesondere für Klinikverhältnisse ist belegt, daß Laboruntersuchungen in einem erheblichen Maße zum „medical reasoning" beitragen. Groß z. B. bemerkte bereits 1969 – leicht bedauernd – , daß rund 25 % aller ärztlichen Anordnungen die Bestellung von Labordaten beträfen [109]. Die Vielzahl der zur Verfügung stehenden Meßgrößen erfordert peinliche Exaktheit in der Auftragserteilung.

Fallbeispiel: Meßgröße Albumin im Urin				
Klinische Fragestellung	Labormethode	mögliches Resultat	Befund	Kosten (Taxpunkte)
Proteinurie bei Schwangerschaft?	Teststreifen	U-Albumin 1,5 g/L	erhöhte Proteinurie	4
diabetische Nephropathie?	„Mikroalbumin"-Nachweis	U-Albumin 50 mg/L	Albuminurie	25
Differenzierung einer Proteinurie	Agarose-Elektrophorese	Albuminbande (ohne Ig-Bande)	selektive glomeruläre Proteinurie	35
Verlaufskontrolle einer Proteinurie	Immunturbidimetrie	U-Albumin 800 mg/L	U-Albumin 800 mg/l	25

Vor allem in der Klinischen Chemie scheint heutzutage eine **ärztliche Fragestellung** an das Laboratorium in der Regel in der Datenflut zu ertrinken. Damit fehlen dem Laboratorium wichtige Informationen, die eine gezielte Testselektion und qualifizierte Resultatinterpretation erlauben würden. Umgekehrt gehört es zu den Zielsetzungen jedes qualifizierten Laboratoriums, mittels selbsterklärender Auftragsformulare und überzeugender Instruktion der auftraggebenden Aerzte dafür optimale Voraussetzungen zu schaffen. Im Umgang mit dem mikrobiologischen Laboratorium ist in der Regel eine klinische Fragestellung eher Usanz. Sie wird nötigenfalls durch die klinische Symptomatik, Informationen über antibiotische Therapie sowie eine exakte Beschreibung der Entnahmestelle ergänzt [328]. Von ebensolcher Wichtigkeit ist eine adäquate Auftragserteilung im therapeutischen drug monitoring (TDM). Hier muß die klinische Fragestellung durch zusätzliche Angaben ergänzt werden (Abschnitt 2.2). Werden Laboraufträge unter Mißachtung der hier dargelegten Kriterien erteilt, bilden sie an sich ein erhebliches Störpotential. Dabei ist es nebensächlich, ob der Auftrag auf einen Rezeptblock notiert, in ein elaboriertes Formular eingetragen oder in ein EDV-Terminal eingetippt wird.

Fallbeispiel: Labordaten erheben bei fehlender klinischer Fragestellung (18jährige Patientin)

Datum	9.11.	10.11.	11.11.	14.11.	16.11.	18.11.
Zeit	1055	0759	0742	0740	1209	0850
U-hCG ql	neg	neg	neg	neg	pos	pos
rel. Dichte	1,029	1,029	1,030	1,029	1,030	1,029
S-hCG (U/L)				87.000		
U-hCG sq (U/L)			2 Mio	60.000	24.000	

Eine Rückfrage am 14.11. angesichts der Diskrepanz zwischen negativem Urin- und hohem Serum-Resultat ergab, daß es sich um einen Fall von Blasenmole handelte, die am 12.11. erfolgreich operiert worden war. Damit konnten die vorher falsch-negativen Resultate im Urin durch den Prozonen-Effekt bei Hormonkonzentrationen >1000000 U/L erklärt und durch eine semiquantitative Bestimmung im Urin bestätigt werden. Im weiteren Verlauf zeigten sich mit dem Absinken der Hormonkonzentration erwartungsgemäß positive Resultate im qualitativen Test.

---

2 Das Auftragsformular

Das Formular bietet Raum für folgende **allgemeine Informationen:**

Auftraggeber-Identifikation
- Abteilung
- Arzt

Datum/Zeit der Specimengewinnung

Patienten-Identifikation
- Name und Vorname des Patienten
- Geburtsdatum
- allenfalls Adresse
- Kostenträger

Patienten-Charakteristika (falls erforderlich)
- Krankheit bzw. Symptome bzw. Anlaß
- je nachdem weitere relevante klinische Informationen (z. B. Gewicht, Arzneimittel, insbesondere Ovulationshemmer, Zustand des Patienten, z. B. nüchtern).

Für manche Untersuchungen sind zusätzliche Angaben nötig. Insbesondere dann, wenn der Zusammenhang der erforderlichen Information mit der angeforderten Meßgröße nicht ohne weiteres einsichtig ist, muß ausdrücklich danach gefragt werden. Entsprechende Beispiele sind:

- Blutgasanalyse: Körpertemperatur
- Hormonanalytik: Zyklustag, Schwangerschaftswoche,
- Liquordiagnostik: Entnahmestelle, frühere Liquoruntersuchungen
- Transfusionsserologie: Blutgruppe (wenn bekannt), Antikoagulantien, Plasmaexpander, Immunprophylaxe, Schwangerschaften, Bluttransfusionen
- Mikrobiologie: Wohnanschrift (im Hinblick auf epidemiologische Untersuchungen), Entnahmeort, Art des Specimens, Immunstatus, Anwesenheit von Fremdmaterial (z. B. Katheter)
- Knochenmarkanalyse: bereits bekannte hämatologische Parameter
- Spermiogramm: Sexualanamnese
- therapeutisches drug monitoring/Toxikologie [245a, 305]:
  Dosis-Information
  - Arzneimittel (als generic)
  - Zeitpunkt der letzten Dosis bzw. Giftstoff-Aufnahme
  - Art der Aufnahme
  - Dosis
  - bei Therapien: Dauer
  - andere Arzneimittel
  Erweiterter Status für Toxikologie
  - Zustand des Patienten (benommen, agitiert usw.)
  - klinische Feststellungen: verengte oder erweiterte Pupillen, Tachykardie, Leberfunktion, Nierenfunktion usw.
  - bereits begonnene Therapie

Als drittes Element des Auftragsformulars – nach den Rubriken für fachlich-ärztlicher Fragestellung und allgemeine Informationen – folgen nun die **verfügbaren Meßgrößen**. In der Regel wird auf dem Bestellformular eine *Auswahl* häufig verlangter Parameter vorgedruckt. Wenn auch in einzelnen Arbeitsbereichen des Laboratoriums zusätzliche Spezifikationen notwendig sein dürften, können doch die Forderungen, die Henderson [134] an den Auftrag stellte, als allgemeine Grundlagen gelten:

Gestaltung
- häufigste Meßgrößen im Zentrum
- klare Unterteilung in Gruppen (Profile oder Arbeitsbereiche des Laboratoriums)
- Kästchen zum Ankreuzen staffeln, um indiskriminierte Aufträge zu erschweren
- evolutionär, d. h. keine dauernden grundsätzlichen Konzeptänderungen

Klinische Daten (bitte in Blockschrift)

Diagnose (Infektion)
klin. Symptome: _______________________________

Erkrankungsbeginn: _______________________________

Immunsuppression ☐ Ja   ☐ Nein

Chemother. 1–2 Tage vor Entnahme: _______________________________

Entnahmedatum: _______________________ Std.: _________

Untersuchungsmaterial
(Zutreffendes ankreuzen)

Bitte für jedes Material ein eigenes Formular verwenden

☐ Blut / Serum für Serologie
☐ Blutkultur (5–10 ml pro Flasche)
☐ Blut für Mykobakterien [1]
☐ zentral
☐ peripher   ⟩ i. v. Katheter
☐ Rachenabstrich
☐ Sputum
☐ Trachealsekret
☐ Bronchialsekret
☐ bronchoalveolare Lavage (BAL)
☐ Magensaft (neutralisiert)
☐ oberfl. Wunde
☐ tiefe Wunde
☐ Eiter
☐ Liquor – Allg. Bakt. $\geq$ 2 ml
          – Mykologie $\geq$ 2 ml
          – Mykobakt. $\geq$ 2 ml
          – Serologie $\geq$ 2 ml
☐ bei Diarrhö
☐ ohne Diarrhö   ⟩ Stuhl
☐ Cervical-Abstrich
☐ Vaginal-Abstrich
☐ Urethral-Abstrich
☐ Dauer-Kath.-Urin [2]
☐ Einmal-Kath.-Urin [2] (diagnostisch)   ⟩ auf Eintauch-nährböden
☐ Mittelstr.-Urin [2]
☐ _______________ -Punktat
☐ _______________

Gewünschte Untersuchung
(bitte ankreuzen)

BAKTERIOLOGIE / MYKOLOGIE

mikrosk.-kulturell | Resistenz-Prüfung

☐ ☐ Allgemeine Bakt.
      folgende Untersuchungen **separat** ankreuzen:
☐ Brucella
☐ Chlamydia trachomatis (EIA)
☐ Legionella
☐ ☐ Mykobakterien [3] (Tbc + andere M.)
☐ Nocardia
☐ Pilze [4]
☐ Plaut-Vincent-Flora
☐ β-hämolytische Streptokokken

STUHLBAKTERIOLOGIE

(keine parasitologischen Untersuchungen)

☐ Allg. Stuhlbakteriologie (Salmonella/Shigella, Campylobacter, Yersinia/Aeromonas)
☐ nur Salmonella/Shigella
☐ nur Campylobacter
☐ nur Yersinia/Aeromonas
☐ Vibrio
☐ Clostridium difficile
  ☐ nur Toxin
  ☐ nur Kultur
☐ E. coli 0157 : H7
☐ Enterotox. E. coli (LT)

SEROLOGIE

5–10 ml Nativblut
oder
3–5 ml Serum

☐ Brucellose
☐ Lues
☐ Legionellose
☐ Chlamydia trachomatis
☐ Chlamydia psittaci
☐ Aspergillose
  ☐ Antigen-Nachweis
  ☐ Antikörper-Nachweis
☐ Candidose
  ☐ Antigen-Nachweis
  ☐ Antikörper-Nachweis
☐ Cryptococcose
☐ _______________
☐ _______________

Spez. Untersuchung

Antibiotika-Testung [5]

[1] für Mykobakterien bei Immunsuppression: 7–10 ml (antikoag.)
[2] Eintauchnährböden für Bakterien (z. B. Uricult®, Urotube®) und Pilze (z. B. Mycoslide®) für Mykobakterien 30–50 ml Nativurin einsenden
[3] für Tbc-Untersuchung separates Zentrifugenröhrchen und eigenen Auftragszettel verwenden
[4] inkl. Antigennachweis von C. neoformans im Liquor
[5] Konzentrationsbestimmungen von Antimykotika im Serum: nur nach telefonischer Voranmeldung, Telefon 257 26 11

Abb. 2.1. Beispiel eines Auftragsformulars (Institut für Med. Mikrobiologie der Universität Zürich)

– Platz für Erweiterungen
– Konsens mit Benutzern

Instruktionen für Benutzer
– Specimengefäße
– Art und Zeit der Entnahme
– Art des Specimens[1] (z. B. Pleurapunktat)
– Konservierungsmittel, Antikoagulans usw.
– benötigte Volumina[1]
– Lieferzeit der Resultate
– spezielle Vorschriften

---

[1] Sofern diese Informationen nicht durch das Specimengefäß gegeben sind.

Das Laboratorium schafft durch weitere Gestaltungselemente und einen geschickten Einsatz des Auftragsformulars günstige präanalytische Voraussetzungen:

Organisatorische Aspekte
– Anpaßung in angemessenen Intervallen und unter Angabe des Bearbeitungsdatums
– genügend Platz, insbesondere für die Patientenidentifikation
– feedback Laboratorium-Klinik: Platz für Rückmeldung von Auftragsfehlern
– Dringlichkeitsvermerk (d. h. Zeitpunkt, zu dem der Auftraggeber das Resultat benötigt)
– Telefonnummer des Auftraggebers (insbesondere für die Übermittlung von dringenden Resultaten)

Grafische Gestaltungsprinzipien [125]
– zwingend (kein freier Platz für „wilde" Formulierungen)
– Linien (dicke, dünne) als Gliederungsprinzip
– lesbar (Schriftgröße, Abstände)
– Schrift: Grotesk > Antiqua
– prägnante Gliederung > Ästhetik
– nur allgemein bekannte Abkürzungen
– Papierfarbe (kopierbar, wenn erforderlich) als Informationselement
– Papierqualität (in Funktion der Lebensdauer)
– Normformate verwenden (wegen Ablage)

Bei optimaler Berücksichtigung aller Aspekte ist das Formular selbst-instruktiv (Abb. 2.1). Günstig ist es, die Formulargestaltung im Konsens mit dem Benutzer zu entwickeln (Abb. 2.2). So können im Zielkatalog Prioritäten gesetzt werden. Für diagnostische Fragestellungen können Indikantenmuster [162] in klinisch- problemorientierter Weise zusammengestellt werden. Im Bereich der Therapieüberwachung empfiehlt es sich, mit dem Kliniker Schemata zu vereinbaren und z. B. für die Überwachung von Arzneimittelspiegeln die vereinbarten Intervalle auf dem Auftragsformular vorzudrucken.

Bei der Beachtung *wirtschaftlicher Aspekte* in der Gestaltung von Auftragsformularen [117] geht es hauptsächlich darum, eine rationelle Datenverarbeitung zu gewährleisten, überflüssige Anforderungen zu vermeiden und durch eine kostengünstige Gestaltung der Formulare (z. B. Druck einseitig, Druck einfarbig) eine wirtschaftliche Betriebsführung zu fördern. Tabelle 2.1 faßt die diskutierten Aspekte zusammen. Für spezielle Fragestellungen (z. B. Liquorproteinanalyse, Spermiogramm) lassen sich mittels desk top publishing mit eigenen Mitteln differenzierte Auftragsformulare auch in kleinen Serien anfertigen.

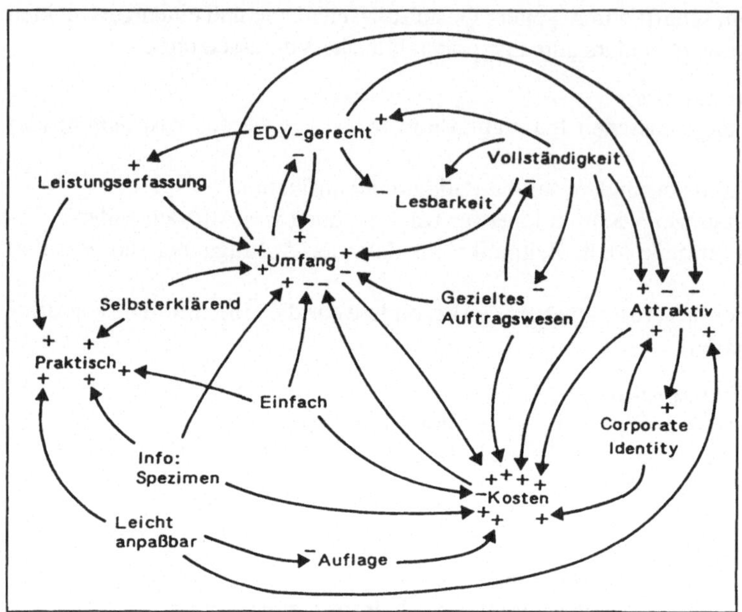

Abb. 2.2. Vernetzte Faktoren für die Gestaltung von Auftragsformularen (aus [120])

Tabelle 2.1. Ziele bei der Gestaltung von Auftragsformularen

Ziel	Zu vermeiden
Korrekte Schreibweise, auch für Ausländer verständlich	Laborslang
Angaben über Specimenart und -menge	Separate Instruktionsblätter
Positionsnummer der Analysenliste, wenn das Auftrags-formular gleichzeitig zur Leistungserfassung dient	
Problemorientierte Gruppierung	„Enzymlatte"
Grundlage für interpretierende Berichte	Inkongruenzen zwischen Auftrag und Befund
Selbstinstruierend	Ungebräuchliche Abkürzungen, etc.
Kostentransparenz beim Auftraggeber: Preis notieren	Taxpunkte
Wichtige Informationen erzwingen	Freiraum
Graphisch zwingend	zu viel leerer Platz
Kostenwirksamkeit	Billigkeit/Buntheit als Selbstzweck
Alle Bedürfnisse und Aspekte optimal konzertieren	Überbordende EDV-Aspekte

3 Das präanalytische Konsilium

Zusätzlich zu den Informationen auf dem Auftragsformular stellt ein Laboratorium seinen Kunden in der Regel ein ausführliches Untersuchungsverzeichnis mit sämtlichen angebotenen Meßgrößen sowie weiteren Informationen zur Verfügung (z.B. [122]). In Bezug auf das Auftragswesen ist zu regeln, wo Auftragsformulare und Specimenbehälter bezogen werden können, wie sie zu beschriften sind und wie infektiöse Specimen zu markieren sind. Angaben im Bereich der Materialannahme des Laboratoriums betreffen die Annahmezeiten, das Verfahren bei Notfällen, das Verhalten außerhalb der normalen Dienstzeit und allenfalls, welche Specimen per Rohrpost transportiert werden können. Besondere Aufmerksamkeit erfordert die Evaluation des Untersuchungsprogramms entsprechend den Bedürfnissen der Klinik. Als Basis können dabei die 34 essentiellen Bestimmungen und Nachweise dienen, wie sie durch die WHO bezeichnet worden sind (Tabelle 2.2). Die angebotene Palette soll die meisten vorkommenden Fragestellungen abdecken; eine mögliche untere Grenze für die Durchführung im eigenen Labor ist z. B. mindestens ein Auftrag pro Woche. Es muß sichergestellt sein, daß das Laboratorium fachlich in der Lage ist, die angebotenen Bestimmungen nach den Kautelen „guter Laborpraxis" durchzuführen. Jede einzelne Meßgröße ist mindestens durch folgende Angaben zu charakterisieren:

— Meßgröße (Synonyme, allenfalls Abkürzung)
— Positionsnummer (für den Verkehr mit Krankenkassen und Versicherungen)
— Taxpunkte
— Auftragsformular (falls verschiedene vorhanden)
— Specimen (Menge, Röhrchen, Zusätze, Entnahmebedingungen, Konservierung, Transport)
— Angaben über analytische Methode, Sensitivität, Spezifität, prädiktive Werte von pos. und neg. Resultaten
— Einflußgrößen und Störfaktoren
— Bemerkungen (organisatorischer Art, zur Patientenvorbereitung, zur Specimenbehandlung bzw. -verwahrung, Annullierungskriterien etc.)

Ausschlaggebend sind derartige Instruktionen bei *mikrobiologischen Fragestellungen*. Der Auftraggeber muß über geeignetes bzw. ungeeignetes Untersuchungsmaterial, Modalitäten der Specimenentnahme sowie des -transports genau informiert werden (z.B. Tabelle 2.3). Angesichts der leichten Verfügbarkeit von Laboruntersuchungen muß hauptsächlich auf Situationen hingewiesen werden, in denen ein bakteriologischer oder serologischer Auftrag nicht sinnvoll oder nicht kosteneffektiv ist [329].

Die Abstimmung des Notfallprogramms erfolgt entsprechend den Bedürfnissen der Klinik (Tabelle 2.4). Beispielhaft sind die kürzlich publizierten Überlegungen über labormedizinische Untersuchungen bei gastroenterologischen Notfällen [107]. Maßgebend ist die Betreuungswirksamkeit [225]. Gegebenenfalls kann das Notfallprogramm zu einem Indikations-Parameter-Schema weiterentwickelt werden (Tabelle

Tab. 2.2. Essentielle Labortests gemäss WHO [341]

Specimen	Meßgröße	
Urin	Bilirubin hCG Glucose Ketone pH Proteine relative Dichte	Sediment
Blut		Hämatokrit Hämoglobin Leukozyten Differentialblutbild Thrombozyten Retikulozyten Senkungsreaktion Sichelzellen
Plasma, Serum	alkalische Phosphatase Amylase ASAT Bilirubin Calcium Hydrogencarbonat Kreatinin Harnstoff Glucose Kalium Protein Albumin Natrium	Thromboplastinzeit PTT
Liquor	Glucose Protein	Leukozyten Differenzierung der Lc
Weitere Tests		Knochenmarkzytologie Blutungszeit

2.5). Eine wichtige Größe ist die Lieferfrist der Resultate (engl. turnaround time, TAT). In der entsprechenden Publikation der American Association for Clinical Chemistry [324] sind neben einer Auswahl entsprechender Meßgrößen auch akzeptable Streuung sowie eine Einteilung in 3 Kategorien (Lieferfrist < 30 min, < 1 h, < 12 h) widergegeben. Kürzlich konnte in einer Stichprobe von 400 Laboratorien gezeigt werden, daß zumindest für die Liquoranalyse die Zielsetzungen mehrheitlich erreicht werden [147]. Maßnahmen zur Verbesserung der Lieferfrist können der Tabelle 2.6 entnommen werden.

Für die Entscheidungsbildung bei der *Aufnahme einer neuen Meßgröße* ist ein einfacher Raster nützlich (Tabelle 2.7), wobei als „technische Kriterien" Sensitivität, Spezifität und Praktikabilität, bei der „klinischen Nützlichkeit" insbesondere der prädiktive Wert und als „ethische Aspekte" vor allem die Behandlungsmöglichkeiten

Tabelle 2.3. Nachweis von anaeroben Keimen

	Specimen		Transport
ungeeignet	geeignet	auf Verlangen und bei Einsendung in geeigneten Behältnissen auch	
Urin	Blutkulturen	Liquor	Spritze (Luft auspressen, luftdicht verschließen)
Vaginalabstriche	Douglaspunktat	Pleurapunktat	
oberflächliche Wunden	Knochen	Punktionsurin	Blutkultur
Rachenabstriche	Biopsie- und Exzisionsmaterial	Ascites	Port-a-Cul
Stuhl (Ausnahme: Clostridium difficile)	Herzklappen	Galle	
Trachealsekret	Fruchtwasser	Gelenkflüssigkeit	
perianale, peritonsilläre und abdominale Abszesse	Muskel	endoskopisch gewonnenes Trachealsekret	
	Abszessmaterial (Eiter, Punktat)		

Tabelle 2.4. Vorschlag für ein geeignetes Notprogramm (zusammengestellt nach verschiedenen Quellen)

	jederzeit	auf Rückfrage (evtl. Aufgebot Pikettdienst)
Klin. Chemie	Na, K, Ca, Kreatinin, B-Glucose, CK, CK-MB, Amylase, Blutgasanalyse f. Neugeborene: Bilirubin, Proteine	Cl, Harnstoff, Proteine, ChE ALAT, Lactat, TDM, Ethanol, Tox-Screening
Gerinnung	PTT, Thrombinzeit, Thromboplastinzeit, Fibrinogen	AT III, Fibrinogenspaltprodukte
Urin	Amylase, Status, hCG	Osmolalität
Liquor	Zellzahl, Glucose, Proteine	Lactat, Schnellfärbung eines Ausstriches
Hämatologie	Blutstatus (Hb, Hk, Lc, Ec, Thc)	Schnellfärbung eines Ausstriches
Immunhämatologie	Blutgruppe und Rhesus, Verträglichkeit	direkter AHG-Test, Ak-Suchtest
Mikrobiologie	Gram, Ziehl-Neelsen	

Tabelle 2.5. Indikations/Parameter-Schema für Kinder in Cito-Analytik (verändert nach [357])

Indikation	Meßgröße																	
	Natrium, Kalium[5]	Calcium	Chlorid	Kreatinin	Albumin	Bilirubin[5]	Glucose	ALAT	Amylase	Hämatokrit[5]	Leukozyten	Diff.-Ausstrich[6]	Thrombozyten	Gerinnung[1,5]	Liquordiagnostik[2]	Blutgasanalytik[5]	Urindiagnostik[3]	Transfusionsserologie[4,5]
Bewußtlosigkeit	+	+		+	(+)		+	+		+	+		+	+	+	+	(+)	
Krämpfe	+	+		+			+	+		+					+	+		
Erbrechen/Exsikkose	+		(+)	+			+	+	+	+	+				+	+	+	
akutes Abdomen	+						+	+	+		+					+	+	
Hyperpyrexie	+						(+)			+						+		
Vergiftungen	+			+				+	(+)	+							+	
Schocksymptomatik	+	(+)		+	+		+	(+)		+			+	+		+		
Blutungen										+			+	+		+	+	+
Neonatolog. Notfall	+	+	(+)	+	+	+	+	(+)		+	+		+	+	+	+	+	+
Operationsvorbereitung	+						+	+		+	+			+				(+)
Therapiekontrolle	+	(+)					(+)			+				(+)		+		
Dialyse	+	+		+	+					+								

[1] Thromboplastinzeit, PTT, Thrombinzeit, Hitzefibrin
[2] Protein, Zellzahl, Blutnachweis
[3] Glucose, Protein, Aceton, Bilirubin, Urobilinogen, Hb, Sediment
[4] Blutgruppe, Rh-Faktor, Kreuzprobe, AHG-Test
[5] Akutparameter, z. B. in lebensbedrohlichen Zuständen, Befundübermittlung innerhalb 30 min nach Probeneingang (Ausnahme: Hitzefibrin, Transfusionsserologie)
[6] Auswertung am nächsten Werktag

Tabelle 2.6. Maßnahmen zur Verbesserung der Lieferfrist (aus [227])

präanalytisch	analytisch	postanalytisch
weniger Aufträge	Vollblut als Specimen	Resultate telefonieren
vereinfachte Aufträge	transkutane Bestimmung	spez. Kurierdienst
Aufträge per EDV	Roboter	Rohrpost
mehr Blutentnahmeteams	schnellere Analysatoren	Resultate per EDV
besserer Transportdienst	seltenere Kalibration	(Bildschirm/Drucker auf Station)
rationellere Annahme	dezentrale Laboratorien	Resultate per Fax
schnellere Zentrifugation	Analytik auf Station	
Plasma statt Serum		

Tab. 2.7. Raster für Labortests (nach [330])

Bewertung	techn. Kriterien	klin. Nützlichkeit	Kosten	ethische Aspekte	Logistik/ Wartung
ideal	+++	+++	+	günstig	einfach
brauchbar	+++	+++	+++	günstig	einfach
bedingt brauchbar	+++	+	+	ungenügend	einfach oder schwierig
unbrauchbar	+	+	+ oder +++	ungünstig	schwierig

beurteilt werden. Eine entsprechende Information an den Benutzer muß zusätzlich zu der im Untersuchungsprogramm erwähnten Charakterisierung die folgenden Punkte enthalten:

- Klinische Bedeutung
- Referenzintervalle (allenfalls nach Geschlecht und Alter spezifiziert)
- Maßeinheit
- Kosten

In analoger Weise ist die *Streichung obsoleter Methoden* [346] aus dem Analysenprogramm (z. B. Eisenbindungskapazität, Immunelektrophorese, Liquorelektrophorese, saure Phosphatase etc. [160]) mit dem Auftraggeber abzustimmen. Gelegentlich geht es auch darum, Euphemismen zu entlarven und zu eliminieren, wie z. B. den Ausdruck „Glucose im Specimen zu stabilisieren" (vgl. Kapitel 4).

Erschöpfende *Instruktionen an den Patienten* sind dann unerläßlich, wenn Untersuchungsmaterial direkt durch ihn zu sammeln ist (z. B. Urin, Sputum, Stuhl). Es genügt nicht, die Gewinnung von „Mittelstrahlurin" zu verlangen, weil nicht vorausgesetzt werden darf, daß diese Bezeichnung für den Patienten ein Begriff ist, noch, daß die besonderen Sammelkautelen bekannt sind. Ein entsprechendes Merkblatt ist in Tabelle 4.6 widergegeben, eine grafische Lösung für eine analoge Fragestellung in Abbildung 2.3.

Die Gesamtheit der bisher skizzierten Informationen und Maßnahmen sowie der im folgenden skizzierten Gesichtspunkte bilden in der Laboratoriumsmedizin das **präanalytische Konsilium** [159]. Dazu gehört auch die Vereinbarung von Testkombinationen und diagnostischen Algorithmen (z. B. Abb. 2.4) für bestimmte klinische Fragestellungen. Freilich ist es heute wohl noch wichtiger, altbekannte, aber nicht immer sinnvolle Tandems auszumerzen, wie z. B. „die Transaminasen" stets im Multipack zu verordnen oder mit der CK stets auch gleich die MB-Fraktion zu verlangen. – Im Unterschied zu anderen medizinischen Spezialfächern geht es nur in Einzelfällen um eine direkte Beratung am Krankenbett, welche Meßgröße denn nun bei eben diesem Patienten von optimaler Aussagekraft sei; vielmehr steht die Sicherstellung optimaler Voraussetzungen für die Analytik ganz allgemein im Mittelpunkt. Aus diesem Grunde erschöpfen sich die Empfehlungen nicht in der Wahl einer geeigneten Meßgröße für eine bestimmte klinische Fragestellung und richten sich

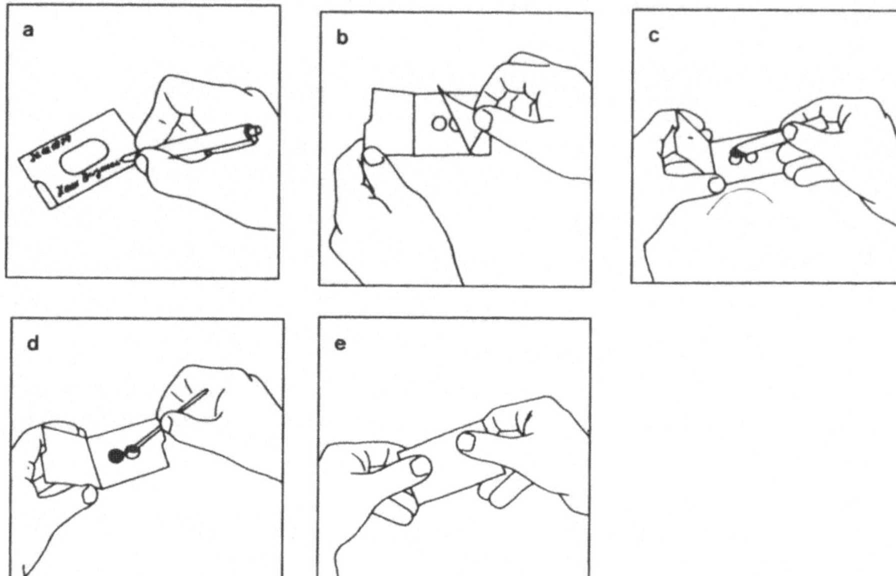

Abb. 2.3. Anweisungen an den Patienten für die Suche nach okkultem Blut im Stuhl (Auszug):
a Sie erhalten drei Testbriefchen. Bitte beschriften, **b** Briefchen öffnen und Schutzfolie entfernen,
c Fenster A vollständig und bis zum Rand mit Stuhl ausfüllen, **d** Mit neuem Spatel von einer
anderen Stelle des Stuhls eine Probe entnehmen und Fenster B füllen, **e** Testbriefchen durch
Andrücken des Deckels verschließen. Verfahren Sie genauso an den folgenden beiden Tagen.
Geben Sie alle 3 Testbriefchen in diesem Umschlag umgehend an Ihren Arzt zurück.

auch nicht ausschließlich an den Arzt, sondern an alle, die mit Laboratoriumsuntersuchungen befaßt sind. Immer wichtiger werden dabei wirtschaftliche Aspekte im
Rahmen einer Steigerung der Kostenwirksamkeit medizinischer Maßnahmen. Da
besonders im Krankenhaus der Benutzer des Laboratoriums, d. h. der Arzt, die
verursachten Kosten weder kennt noch trägt, bestehen Anreize für eine wenig effi-
ziente Nutzung des vorhandenen Potentials. Konsequente Sichtbarmachung von
Kostenfaktoren ist der erste Schritt, diesen fehlgerichteten Anreizen entgegenzuwir-
ken.

Fallbeispiel: überflüssige Labortests	Gegenmaßnahmen [197]
„In 1989 25-35 % of all diagnostic and therapeutic procedures performed in the United States were inappropriate." (Secretary of Health and Human Services Louis Sullivan, MD)	1. Less availability 2. Design of request forms 3. Clustering 4. Laboratory user's manual: specify proper use 5. Turnaround time 6. Publication of charges 7. Review of orders by laboratory 8. Prepreformance consultation (e.g. toxicology, coagulation, immunology)

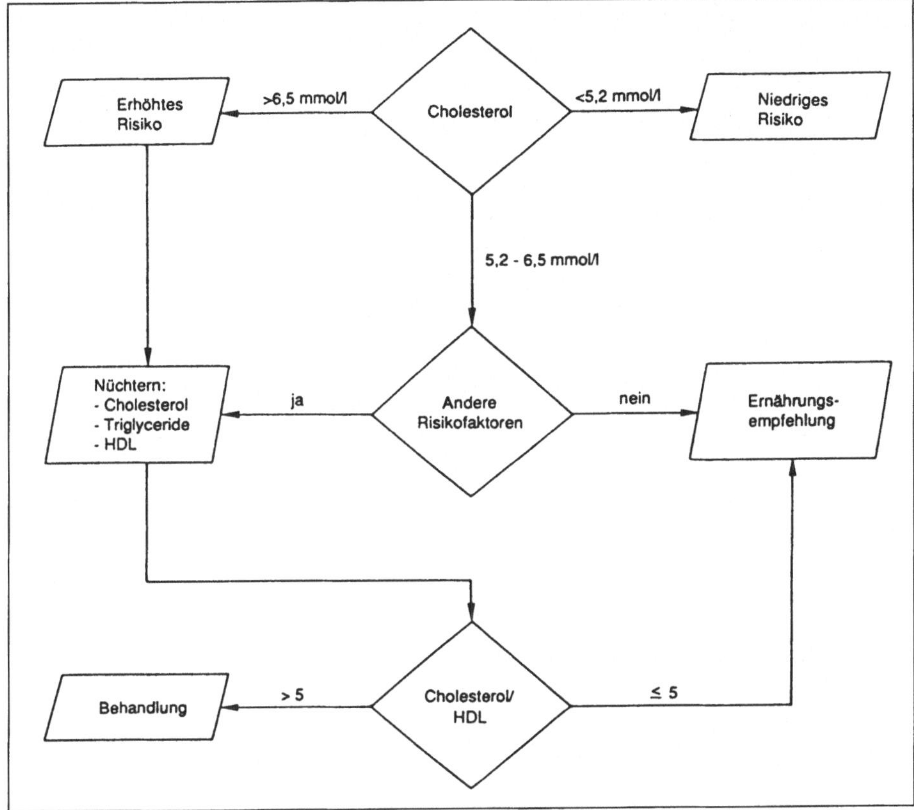

Abb. 2.4. Früherfassung erhöhter Cholesterolwerte (umgezeichnet und vereinfacht nach [116])

4 Beurteilung des Auftrags

Jeder eingegangene Auftrag ist durch das Laboratorium nach folgenden Kriterien zu beurteilen:

– verlangte Meßgrößen zu Fragestellung adäquat?
– Intervall bei Testwiederholungen angemessen?
– Material zu Fragestellung adäquat?*
– Patientenidentifikation auf Specimen und Auftrag eindeutig und übereinstimmend*
– Auftrag und Specimen hygienisch*
– Specimen im korrekten Gefäß*
– Kühlung bzw. Konservierung korrekt
– Lagerung korrekt
– zu wenig bzw. zu viel Untersuchungsmaterial im Verhältnis zur vorgelegten Antikoagulantienmenge
– ausreichende Materialmenge

<table>
<tr><td colspan="2">Fallstudie: unsinnige Testwiederholung</td></tr>
<tr><td>Ein Oberarzt ordnete an:
„Machen Sie bei diesem-
Patienten jeden 2. Tag
einen Antistreptolysin-
titer."</td><td>Kinetik der Antistreptolysin-O-Antikörper:
– Anstieg ab 10.–20. d nach Infektion
– Maximum nach ca. 30 d
– Persistenz für ca. 3-6 Monate, unter Antibiotikatherapie
  schnelleres Absinken</td></tr>
</table>

Sind die mit einem * gekennzeichneten Kriterien nicht ausreichend erfüllt, kann bzw. soll ein Auftrag nicht bearbeitet werden. Er ist unter Benachrichtigung des Auftraggebers zu annullieren. Insbesondere in der Mikrobiologie ist die Untersuchung gewisser Proben wertlos (vgl. Abb. 2.1 sowie [327]), weil sie das Infektionsgeschehen beim Patienten nicht reflektieren.

Sind Gesichtspunkte im Aufgaben- und Kompetenzbereich des analytischen und Hilfspersonals zu beanstanden, erfordert dies in der Regel eine sofortige Kontaktaufnahme mit der zuständigen Stelle in der Klinik. Annullieren bedeutet nicht einfach streichen bzw. nicht erledigen! Es würde keiner guten Laborpraxis entsprechen, wenn der Auftraggeber erst mit dem Befund erfährt, daß sein Auftrag wegen ungeeignetem Specimen annulliert worden ist.

5 Auftragserfassung

Der maschinenlesbare Teil des Auftrags umfaßt in der Regel die Patientendaten (häufig als Barcode) sowie die angeforderten Meßgrößen (häufig als Bleistiftmarkierungen). Für Barcode-Markierungen können Fehlerraten < 1 % erreicht werden, wobei es sich in den meisten Fällen nicht um tatsächliche Fehler, sondern um Fehler*meldungen* handelt, die leicht behoben werden können. Für Bleistiftmarkierungen liegen die besten Resultate immer noch bei Fehlerraten von 10-15 %, weniger auf Grund technischer Unzulänglichkeiten als vielmehr infolge unexaktem Ausfüllens. Freilich können in der Regel 90 % der primären Fehlermeldungen durch die Bedienungsperson als Implausibilitäten oder Lücken erkannt und sogleich korrigiert werden. Klinische Daten liegen als Freitext vor. Leider liegt keine anerkanntes Codierungssystem für ihre Erfassung vor. Es empfiehlt sich, einen mnemonischen Code zu verwenden, wie er kürzlich beschrieben worden ist [15].

Abschließend gilt es sicherzustellen, daß für den Analytiker relevante Informationen auf dem Auftragsformular diesen am Arbeitsplatz auch tatsächlich erreichen.

Kapitel 3

Der Patient

„Ein Schluck von Vernunft "
(G.F. Lichtenberg,
Sudelbücher E 201)

Den subjektiven, zwischenmenschlichen Aspekten des Umgangs mit dem Patienten wird insbesondere in der US-Literatur die nötige Beachtung geschenkt. Die entsprechende Broschüre des College of American Pathologists [322] trägt den Titel „So you're going to collect a blood specimen" und richtet sich mit elementaren Merksätzen an die MTLA. In einer hierzulande unüblichen, frischen Art wird die MTLA darauf aufmerksam gemacht, daß sie durch professionelles Auftreten bei Abteilungspersonal und Patienten Vertrauen zu wecken habe. Das Blutentnahmetablar soll der Ausdruck von Sauberkeit, Sorgfalt und Geschick sein. Sodann geht es darum, den Patienten fehlerfrei zu identifizieren. Mit mündigen und wachen Patienten soll eine menschliche Beziehung hergestellt werden. Aengste sollen abgebaut werden. Eine Diskussion über die ärztliche Fragestellung und den Sinn der vorgesehenen Laboruntersuchungen ist indessen nicht Sache der MTLA. Bei „schwierigen" Patienten soll eine Zusammenarbeit mit der zuständigen Schwester angestrebt werden. Schließlich geht die Broschüre auf spezielle Probleme mit fehlenden Patienten, Reaktionen auf die Blutentnahme, Patienten im Operationssaal, Neugeborenen, isolierte Patienten sowie psychiatrischen Patienten ein.

1 Permanente Größen

Geschlecht: Mit Ausnahme der geschlechtsspezifischen Komponenten ist das Geschlecht an sich wohl keine signifikante Einflußgröße, wie sich an den Meßwerten im Kindesalter zeigen läßt. Selbst bei Geschlechtshormonen wie Estradiol liegen postmenopausal keine Unterschiede zwischen den Geschlechtern vor. Trotzdem führen endogene Unterschiede (z. B. Muskelmasse: ALAT, ASAT, CK, Kreatinin) sowie exogene Faktoren (z. B. Alkoholkonsum: GGT) zu statistisch signifikanten Differenzen für viele Meßgrößen, welche sich in unterschiedlichen Referenzintervallen niederschlagen (Kapitel 6).

Rasse: Rassische Unterschiede unter Ausschluß von anderen Einflußfaktoren wurden bei 399 Frauen untersucht, welche in derselben Gemeinde in Großbritannien leben [16]. Die Gruppen umfaßten weiße Mitteleuropäerinnen, Inderinnen, Schwarze aus Afrika und Westindien sowie Orientalinnen. Leukozyten, insbesondere Neutrophile, waren bei den Schwarzen gegenüber allen anderen Gruppen signifikant niedriger. Weiße wiesen niedrigere Monozytenzahlen auf als alle anderen Gruppen.

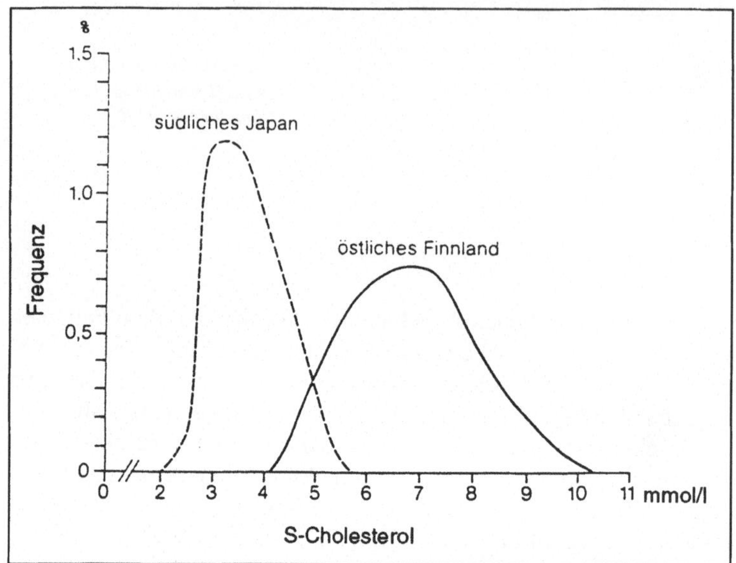

Abb. 3.1. Interkulturelle Unterschiede von Cholesterolwerten (aus [115]).

Bei Schwarzen, insbesondere Männern, wurden signifikant höhere CK-Aktivitäten gefunden als bei Weißen [143]. Dasselbe gilt für die Amylase im Serum.

Genetisch bedingte interindividuale Variation manifestiert sich in unterschiedlichen Defekt-Prädispositionen, z. B. für Diabetes mellitus, Hypercholesterolämie, Glucose-6-phosphatdehydrogenase-Mangel etc. Menschen ohne das Blutgruppenmerkmal Lewis exprimieren auch kein Tumormarker-Protein CA 19–9 [177]. Eine Abgrenzung gegen rassische und ökobiologische Determinanten ist naturgemäß schwierig. Derartige Gegebenheiten sind wohl eher als Indikanten von Krankheiten denn als präanalytische Einflußgrößen zu werten.

Ein Beispiel für *interkulturelle/geografische* Unterschiede ist in Abbildung 3.1 dargestellt. Ein weiteres: Männer in Shanghai haben deutlich tiefere Kalium-Konzentrationen im Serum als Männer anderswo [254].

2 Langfristige Faktoren

Alter: Konzentration und Aktivität der meisten Meßgrößen erreichen mit der Pubertät Erwachsenenwerte, wobei Schwankungen oft mit Wachstumsschüben korreliert sind (Beispiel AP). Wohl der markanteste Ausdruck des Alterns beim Erwachsenen ist die Menopause. Mit dem Versiegen der ovariellen Estradiolsekretion sind eine ganze Reihe hormoneller und nicht-hormoneller Effekte verbunden, z. B. der postmenopausale Anstieg der AP-Aktivität. Er wird erklärt durch den Wegfall der Estrogenhemmung von Parathyrin und der dadurch verstärkten Osteoblasten- wie auch Osteoklastenaktivität [139]. Gleichzeitig steigen Calcium und Phosphat im

Tabelle 3.1. Änderung einiger Laborparameter mit dem Lebensalter, Stichprobe: Männer. Intervall: 62 a (nach [12])

Parameter	Steigung	Δ 62 a	Klinische Relevanz
S-Albumin	− 0,008	5 g/L	ja
S-Amylase	+ 0,340	21,1 U/L	nein
S-Calcium	− 0,006	0,07 mmol/L	nein
Cholesterol	+ 0,978	1,57 mmol/L	ja
Lactatdehydrogenase	+ 0,587	36,4 U/L	nein
S-Phosphat	− 0,010	0,20 mmol/L	ja
S-Natrium	+ 0,033	1,86 mmol/L	nein
S-Harnstoff	+ 0,063	1,40 mmol/L	nein
B-Erythrozyten	− 0,005	33×10^6/L	nein
MCHC	− 0,021	1,31%	nein
B-Senkungsreaktion	+ 0,205	13,0 mm/h	ja
Thromboplastinzeit	− 0,013	0,82 s	nein

Serum an. – Der Abfall von Albumin und Präalbumin sowie der Anstieg von IgA und IgG mit zunehmendem Alter scheint der Ausdruck zunehmender Anfälligkeit für – teilweise verborgene – Krankheiten zu sein [139]. Weitere Beispiele sind in Tabelle 3.1 dargestellt. Auffällig ist dann aber die Abnahme der Cholesterolkonzentration bei über Siebzigjährigen, ein Kohorteneffekt als Ausdruck einer positiven Selektion. Im Alter sinken Kreatininclearance und Glucosetoleranz. Die Gesamtheit dieser Effekte wird mit altersspezifischen Referenzintervallen zu erfaßen versucht (Kapitel 6).

Klima: Bei Höhenexposition werden folgende Veränderungen von Laborwerten beobachtet, abhängig von der Dauer des Aufenthalts und der entsprechenden kurzfristigen Akklimatisations- und längerfristigen Adaptationsprozeße: Als Folge der Hypoxie verstärkte Erythozytenbildung (Zunahme von Erythropoetin, Retikulozyten, Hämoglobin und Transferrin, Abnahme von Serumeisen und Ferritin [198]) und respiratorische Alkalose mit Elektrolytverschiebungen. Dazu können eine Aktivierung der Gerinnung und eine beeinträchtigte Fibrinolyse kommen [13].

Saisonale Schwankungen: Während das Altern als lineare chronobiologische Einflußgröße aufgefaßt werden kann, sind die meisten übrigen chronobiologischen Faktoren zyklischer Natur: Saisonale Schwankungen (circannuale Rhythmen) wurden für einzelne biochemische [131, 183] sowie hämatologische Meßgrößen mitgeteilt [97]; ob sie für die Laboratoriumsmedizin relevant sind, scheint zweifelhaft. Die Ejakulat-Qualität nimmt im Sommer ab; dieser Umstand wird unter anderem für die Abnahme der Geburtenrate im Frühling in warmen Klimaten verantwortlich gemacht [184]. Die saisonale Rhythmik der Harnzusammensetzung (mit Bedeutung für die Harnsteingenese) konnte auf jahreszeitliche Variationen in der Ernährung zurückgeführt werden [136]. Andere Gegebenheiten des menschlichen Lebens dagegen weisen auffällige Jahresrhythmen auf, wie die allgemeine Sterblichkeit (abhängig von der Temperatur), die Suizidrate (abhängig von der Taglänge) sowie die Konzeptionen (abhängig von beiden genannten Faktoren, [264]).

Intraindividuale Variation: Die Verwendung von Labordaten in der klinischen Diagnostik kann wesentlich verbessert werden, wenn statt der breiten Straße der

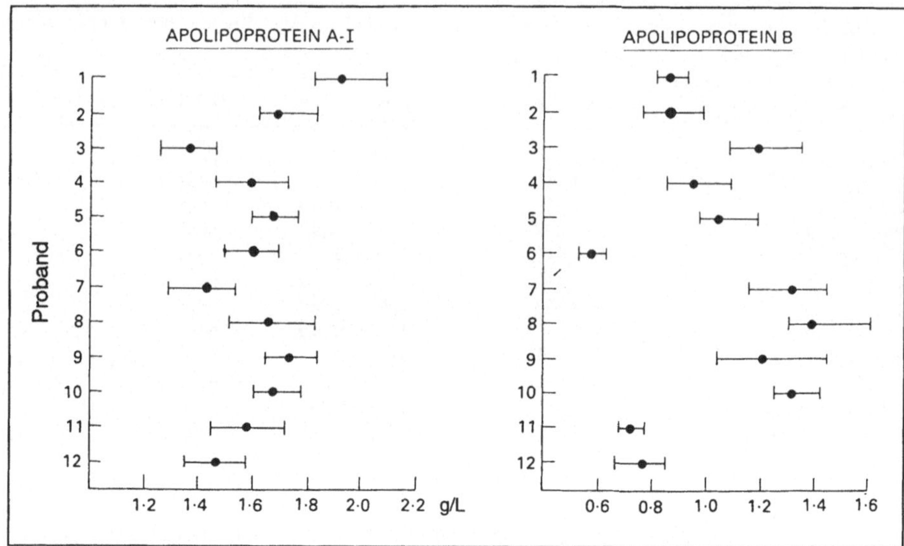

Abb. 3.2. Streuung von Apoproteinen bei 12 gesunden Probanden (84)

statistischen Referenzintervalle die intraindividuale Variation (z. B. Abb. 3.2) zur Beurteilung herangezogen wird [60, 87b]. Eine biologische Konstanz vieler klinisch-chemischer Kenngrößen ist über viele Jahre gegeben, und die individualen Referenzbereiche sind in der Regel viel schmaler als die an einem Referenzkollektiv ermittelten konventionellen Referenzintervalle [129], z. B. bei den Immunglobulinen um etwa das 6fache. Durch Berücksichtigung dieser biochemischen Individualität könnten auch geringe klinisch-chemische Veränderungen zu einem früheren Zeitpunkt erfaßt werden als bei der transversalen Beurteilung von Laboratoriumsergebnissen. Auch bei den hämatologischen Meßgrößen konnte gezeigt werden, daß – gestützt auf eine geringe intraindividuale Variation – ein individuelles, longitudinal gewonnenes Referenzintervall sensitiver ist als ein statistisch ermitteltes [266]. Im praktischen Einsatz ergänzen sich longitudinale und transversale Daten (Abb. 3.3).

Schwangerschaft: Manche Parameter zeigen einen direkten, schwangerschafts-spezifischen Verlauf (z. B. hCG), andere reflektieren indirekt die geänderte Physiologie (z. B als Ausdruck eines um ca. 50 % gesteigerten Plasmavolumens). Noch ungeklärt ist z. B. der Abfall des Cholesterols am Schluß des ersten Trimenon, gefolgt von einem steilen Anstieg bis zum Schluß der Schwangerschaft [149]. Bei der gesunden Frau finden sich Verläufe als ansteigende schiefe Ebene (z.B. Glucose [216]), als Hängeseil-Profil (z.B. Glykohämoglobin), als abfallende schiefe Ebene (z.B. Hämoglobin) oder aber als Gebirge (hCG, vgl. auch Tabelle 3.2). Vor diesem Hintergrund ist es schwierig, pathologische Abweichungen zu erkennen [215], sofern nicht spezifische Referenzintervalle zur Verfügung stehen. Kürzlich wurden entsprechende Werte für Reproduktionshormone publiziert [229].

Ernährungsweise und Genußmittel: Westliche Ernährungsgewohnheiten führen zu einem Anstieg der Sexualhormone im Plasma, was zusammen mit einer Senkung

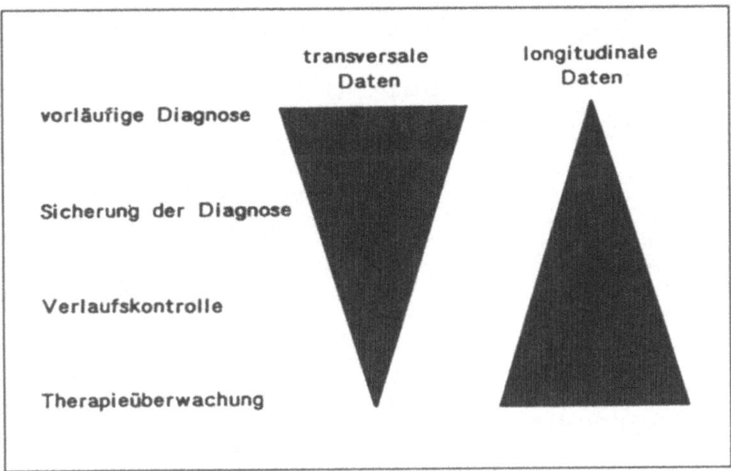

Abb. 3.3. Vorwiegender Einsatz von transversalen bzw. longitudinalen Labordaten entsprechend der klinischen Fragestellung [120]

des Sexhormon-bindenden Globulin zu einer erhöhten Bioverfügbarkeit dieser Hormone mit entsprechenden biochemischen Auswirkungen führt [3]. Bei Vegetariern ist die Ausscheidung von Kreatinin im Urin geringer als in einer Referenzpopulation mit gemischter Kost; im Serum ist der Unterschied nur bei Männern nachweisbar [65]. Der höhere pH im Urin von Vegetariern (geringere Zufuhr von sauren Stoffwechselkomponenten) kann die Ausscheidung von Urobilinogen und anderen pH-abhängigen Verbindungen wie Arzneimitteln fördern [352]. Kürzlich wurde mitgeteilt, daß bei einem Patienten mit regelmäßigem Konsum von 25 Eiern täglich der Cholesterolspiegel im Serum entgegen der Erwartung dank effizienter Kompensationsmechanismen normal war [165]. – Regelmäßiger Kaffeegenuß hebt den Serumcholesterolspiegel leicht an, freilich nur bei Zubereitung als überbrühter Kaffee, nicht aber als Filterkaffee [313]. Triglyceride werden infolge Aktivierung der Triglyceridlipase eher gesenkt. Nikotin führt zu erhöhter Aktivität der GGT [260] sowie zu erhöhten Konzentrationen von CEA und CRP [64]. Ferner sind erhöhte Leukozytenzahlen und ein erhöhtes MCV bekannt. Die CRP-Erhöhung bei Rauchern führt zu einem erhöhten oberen Referenzwert (40 mg/L) und wird als Anzeichen einer chronischen Gewebsentzündung interpretiert. Die Aktivitäten von ALAT, ASAT und GGT sind mit chronischen Alkoholgenuß korreliert [260]. Nahezu regelmäßig ist dabei das Erythrozytenvolumen erhöht. Bei chronischen Alkoholikern ist Folsäure im Serum und in den Erythrozyten tief bis zur Nachweisbarkeitsgrenze, selten freilich im Sinne einer Panzytopenie [340]. Bei chronischem Alkoholgenuß sind die Thrombozyten oft erniedrigt; bei stationärer Hospitalisation normalisieren sie sich mit vorübergehend überschießend hohen Werten. Bei mäßigem Alkoholgenuß („soziales Trinken") konnten für Kalium, Natrium, ALAT, ASAT, CK, LDH und Proteine keine klinisch signifikanten Veränderungen festgestellt werden [182]. Auch Böhme kommt zum Schluß, daß unter Genußmitteln – abgesehen von chronischen

Tabelle 3.2. Änderungen häufig bestimmter Meßgrößen in der Schwangerschaft (Daten hauptsächlich aus [150], [215], [303])

Meßgröße	12. Woche	Termin	Mechanismus/Bemerkungen
S-Calcium	=/↓	↓	ungenügende Zufuhr
S-Chlorid	=/↑	↑	Reziprok zu Hydrogenkarbonat, infolge respiratorischer Alkalose (besonders während Wehen)
S-Kalium	=	=	
B-Kohlendioxid	↓	↓	respiratorische Alkalose infolge zunehmender Uterus-Größe und hormonell gesteigerter Atmung
S-Magnesium	=/↑	↓	
S-Natrium	=/↓	=	Verdünnungseffekt bei vergrössertem Plasmavolumen
S-Phosphat	=/↑	=	
S-Bilirubin gesamt	=	=	
S-Cholesterol	↓/↑	↑	infolge hormonell stimulierter Leberfunktion
S-Triglyceride	↑	↑	infolge hormonell stimulierter Leberfunktion
B-Glucose	↑	↑	hormonell bedingte Glucose-Intoleranz
U-Glucose	↑	↑	
S-Harnstoff	=/↓	↓	Verdünnungseffekt bei vergrößertem Plasmavolumen sowie erhöhte glomeruläre Filtration
S-Harnsäure	↓	=	infolge vergrößertem Plasmavolumen, allenfalls verstärkt durch Anämie (insbesondere Eisenmangelanämie). Erhöht bei Prä-Eklampsie
S-Kreatinin	↓	↓	Clearance erhöht
S-Proteine	=		Anstieg von α- und ß-Globulinen, kompensiert durch Albumin-Verminderung
S-Albumin	↓	↓	Verdünnungseffekt bei vergrößertem Plasmavolumen
AP	=	↑	aus Plazenta, ab 3. Trimenon
ASAT	↓	=	Folge des Pyridoxin-Mangels
CK	=/↓	↑	insbesondere Geburt↑, Normalisierung binnen 5 d
LDH	=	↑	
Cortisol	↑	↑	
Thyroxin	↑	↑	
Triiodthyronin	↑	↑	
TSH	↑	↑	
P-Fibrinogen	↑	↑	
B-Hämoglobin	↓	↓	infolge vergrößertem Plasmavolumen, allenfalls verstärkt durch Anämie (insbesondere Eisenmangelanämie)
B-Hämatokrit	↓	↓	wie Hämoglobin
B-Leukozyten	=/↑	↑	besonders gegen Schluss der Schwangerschaft und in den Wehen
B-Thrombozyten	=/↓	=/↓	infolge intravasaler Gerinnung, zusammen mit Anstieg von Fibrinogenspaltprodukten

Tabelle 3.3. Klinisch-chemische Meßgrößen, die bei adipösen und mageren Männern und Frauen im Vergleich zu Normalgewichtigen abweichen können (Darstellung aus [116]).

| Meßgröße | Adipöse | | Magere | | Bewertung |
	♂	♀	♂	♀	
S-Harnsäure	↑	↑	↓	↓	sicher
postprandiale Glucose	↑	↑	↓	↓	sicher
Cholesterol	↑	↑	↓	↓	schwach
S-Kreatinin	↑	=	↓	=	schwach
S-Proteine	↑	=	↓	=	umstritten
B-Hämoglobin	↑	=	↓	=	sicher ♂
ASAT	↑	=	↓	=	schwach
LDH	↑	↑	↓	↓	sicher
S-Calcium	=	↓	=	↑	umstritten
S-Phosphat	=	=	↑	↑	umstritten

Ethanolmißbrauch – nur in Ausnahmefällen relevante Veränderungen von klinisch-chemischen Meßgrößen auftreten [26]. Spezifische Einflüsse von suchterzeugenden Drogen sind bisher nicht bekannt. Mangelernährung führt zu einer Senkung der Plasmaproteine, insbesondere von Albumin sowie – neben anderen Effekten – zu einer Aktivitätsminderung von AP und S-Amylase [352].

Körperbau und -masse beeinflussen eine ganze Anzahl von Meßgrößen (Tab. 3.3), wenn auch meist nur geringfügig. Wie bereits Young bemerkte [352], weisen Verdauung und Fettstoffwechsel keine grundsätzlichen Unterschiede bei Übergewichtigen auf. Triglyceride, Cortisolauscheidung, fP-Lactat, Triiodthyronin und CK-Aktivität sind bei einem Teil der Uebergewichtigen, hauptsächlich bei Männern, erhöht. In neueren Arbeiten wurde gezeigt, daß die Aktivitäten von ALAT, ASAT und GGT mit dem body-mass index korreliert sind [260, 272]. Kürzlich wurde diese Liste leber-synthetisierter Enzyme um die ChE ergänzt [33].

Von erheblichem Einfluß – wenn auch eher kurzfristig – ist die Körpermasse beim Neugeborenen [216].

Nicht zu vernachlässigen ist die Korrektur der AFP-Resultate entsprechend dem Körpergewicht der Mutter beim Screening nach Trisomie 21 [257].

Schließlich ist auf kachektische Patienten hinzuweisen, bei denen infolge Muskelschwundes zum Beispiel völlig unerwartete Kreatininwerte beobachtet werden [123].

Transzendentale Meditation soll Cholesterol, weitere Lipide und insbesondere P-Lactat signifikant senken (nach Yoga 1/2, nach transzendentaler Meditation sogar lediglich 1/3 der Durchschnittskonzentration [14]).

Untersuchungsmaterial stammt von **Patienten**. Es unterliegt deshalb – abgesehen von der zu erfassenden Meßgröße – Einflußgrößen und Störfaktoren als Ausdruck eines pathologischen Stoffwechsels. Die umfangreichste Liste derartiger Effekte wurde durch Friedman und Young [92] zusammengestellt.

Im *chemischen Laboratorium* stören in der Praxis am häufigsten Bilirubinämie, Hämolyse und Lipämie. Weitere Beispiele aus der klinischen Chemie:

- Bei starkem Fieber ist die Kreatininausscheidung erhöht, weil das Gleichgewicht Kreatin/Kreatinin temperaturabhängig ist [93].
- Bei Patienten mit insulinabhängigem Diabetes mellitus ist die intraindividuale Variation von 16 biochemischen Parametern signifikant größer als bei gesunden Kontrollpersonen [140]. Als Ursache wird eine erhöhte Variation in der osmotischen Diurese vermutet.
- Die postprandiale Hypertriglyceridämie ist bei Patienten oft viel ausgeprägter als beim Gesunden.
- Diabetiker weisen oft erhöhte Konzentrationen an Immunglobulinen, insbesondere an IgA auf. Dieser Umstand beeinflußt auch die gemessenen Fruktosaminkonzentrationen [261].
- Eine Pseudohyperkaliämie wird bei Patienten mit schwerer Thrombozytose [350] oder Leukozytose (bei myeloproliferativen Erkrankungen, aber auch bei Polyarthritis [248]) gemessen, weil bei der Gerinnung Kalium aus diesen Zellen freigesetzt wird.
- Paraproteinämie kann infolge Proteinbindung zu erhöhtem Gesamt-Calcium führen [237]. Die bei malignen Erkrankungen häufig beobachtete Hyperkalzämie beruht entweder auf der Sekretion von humoralen Faktoren, welche den Calciumstoffwechsel im Sinne einer erhöhten Calciumfreisetzung beeinflussen oder aber auf lokaler Knochen-Resorption durch Metastasen [265].
- Die Bestimmung von Glykohämoglobin fällt bei abnormer Lebensdauer der Erythrozyten (z. B. bei hämolytischen Anämien, Polyzythämie oder nach Splenektomie) falsch aus.
- Die Konzentration von Tumormarkern kann bei gestörtem Katabolismus falschhoch sein: besonders ausgeprägt waren solche Effekte bei extrahepatischer Cholestase oder chronischer Niereninsuffizienz [245b].
- Blindheit beeinflußt verschiedene biochemische Meßgrößen [352].

„Unspezifische" *immunhämatologische* Reaktionen sind oft eine Folge von Virusinfekten, multiplem Myelom oder malignen Neoplasmen [222]. Im *hämatologischen* Laboratorium kann es bei hohen Leukozytenzahlen zu Trübungen im Reagens und damit zu falsch-hohen Hämoglobinresultaten kommen. In der Gerinnungsanalytik kann Polyglobulie zu falsch-hohen Werten führen, schwere Anämie zu falsch-tiefen, weil das Verhältnis von Calcium zu Citrat verschoben ist. Antikörper gegen – negativ geladene – Phospholipide vom Typ des Lupus-Antikoagulans treten bei verschiedenen Grundkrankheiten entzündlicher oder neoplastischer Natur sowie bei Autoimmunkrankheiten und nach Einnahme gewisser Arzneimittel auf; es handelt sich um Immunglobuline, welche phospholipidabhängige Gerinnungstests in vitro stören. Sie verursachen eine Verlängerung der Thromboplastinzeit und der partiellen Thromboplastinzeit [319, 347].

Beim *therapeutischen drug monitoring* können digoxin-like immunoreactive factors zu falsch-erhöhten Werten bei der Digoxinbestimmung führen, insbesondere in Seren von Patienten mit Nieren- und Lebererkrankungen, von Schwangeren und

Neugeborenen sowie im Nabelschnurblut [279]. Ob diese mit dem kürzlich in menschlichem Plasma nachgewiesenen Ouabain identisch sind, ist noch zu klären.

Transiente Proteinurien treten bei diversen Krankheiten auf, namentlich bei Stauungsinsuffizienz, Schlaganfällen und Fieber, besonders häufig bei Pneumonie [256]. Bei Lordose wird häufig Albuminurie beobachtet. Und – trivial – bei Durchfall kann der Nachweis von okkultem Blut im Stuhl infolge Verdünnung falsch-negativ ausfallen.

Bei schlecht eingestelltem Diabetes kann ein Candida-Befall der Scheide auftreten, weil durch den erhöhten Zuckergehalt im Scheidensekret die Wachstumsbedingungen für die Mikroorganismen besser sind.

3 Kurzfristige Faktoren

Neugeborene und insbesondere Frühgeborene weisen in den ersten Lebenstagen und -wochen charakteristische Stoffwechselabweichungen auf:

— Der untere Referenzwert für B-Glucose liegt erheblich tiefer als beim Erwachsenen; als Hypoglykämie werden am ersten Lebenstag erst Werte $< 1{,}66$ mmol/L interpretiert [206].
— Die Leber des Neugeborenen erreicht ihre volle Kapazität zur Bilirubin-Konjugation erst im Laufe des ersten Lebensmonats entsprechend der Aktivitätszunahme der Uridindiphosphatglucuronyltransferase; deshalb ist eine Hyperbilirubinämie in den ersten fünf Tagen physiologisch. Der obere Referenzwert liegt bei 240 µmol/L.
— Immunglobulin A und M sind in der Regel nicht nachweisbar; ihre Konzentrationen erreichen erst in der Pubertät Erwachsenenwerte. Das plazentagängige IgG stammt aus dem mütterlichen Organismus und weist bei der Geburt Erwachsenenwerte auf. Es sinkt indessen in den ersten drei Lebensmonaten, um dann mit den anderen Immunglobulinen langsam wieder anzusteigen.
— Die Konzentrationen von Cholesterol und Triglyceriden betragen ca. 1/3 der Erwachsenenwerte. Sie steigen erst nach der Pubertät deutlich an.
— Die Kreatininkonzentration im Blut ist niedrig.
— Die Aktivität von AP, CK, GGT sowie der Transaminasen ist bei der Geburt erhöht und sinkt erst während des Kindesalters, im Falle der AP sogar erst in der Adoleszenz, in den Erwachsenenbereich. Umgekehrt ist die Aktivität der α-Amylase oft unmeßbar niedrig.
— Der arterielle pH-Wert ist unter der Geburt erniedrigt.
— Die Thyroxinkonzentration ist beim Neugeborenen erhöht und erreicht erst in der Pubertät Erwachsenenwerte.
— Die Hämoglobinkonzentration im Blut (und damit der Hämatokrit, mit Werten bis zu 0,75) ist beim Neugeborenen deutlich erhöht. Sie beruht auf gesteigerter Erythropoese, möglicheweise auf Grund einer erniedrigten Sauerstoffsättigung des Nabelschnurblutes, was sich auch in erhöhten Retikulozytenzahlen manifestiert. Infolge Abnahme der Erythropoese und Zunahme des Blutvolumens kommt es in den ersten drei Lebensmonaten zu einer physiologischen Anämie; gleichzeitig wird das bei der Geburt vorherrschende HbF (80 %) im ersten Halbjahr durch HbA ersetzt.

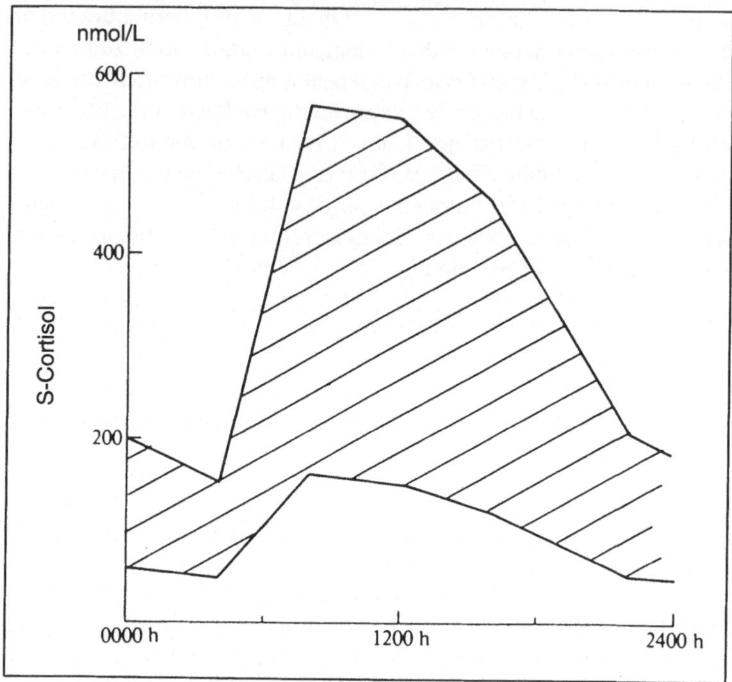

Abb. 3.4. Tagesschwankungen der Cortisolkonzentration im Plasma.

– Das MCV ist beim Neugeborenen erhöht.
– Die Zahl der Leukozyten ist deutlich erhöht (bis 20 x 10^9/L); das Maximum wird in der Regel 24 h nach der Geburt erreicht, mit einem raschen Absinken in den folgenden Tagen.

Circadiane Schwankungen: Chronobiologische Gesichtspunkte sind mittlerweile in vielen Bereichen der Medizin etabliert: Tagesschwankungen der Körpertemperatur, circadiane Rhythmik bei Schmerz und Schmerztherapie [181]; auch wird die undifferenzierte Verordnung von Arzneimitteln „dreimal täglich" von Spezialisten als Unfug abgelehnt. Besonders gut untersucht ist die circadiane Häufigkeitsverteilung von akuten Manifestationen kardiovaskulärer Erkrankungen [355]. Das morgendlich erhöhte Infarktrisiko erreicht sein Maximum zwischen 8 und 10 Uhr. Pathophysiologisch konnte ein Zusammenhang mit dem Aufwachen bzw. Aufstehen hergestellt werden: Anstieg von Cortisol und dadurch bedingt von Katecholaminen. Infolge Anstieg von Blutdruck, Kontraktilität und Herzfrequenz erhöhter myokardialer Sauerstoffbedarf. Gleichzeitig katecholamin-induzierte Vasokonstriktion der Koronargefäße. Damit Auseinanderklaffen von Sauerstoffbedarf und -versorgung. Entsprechend umfangreich ist das neueste Standardwerk zum Thema [318]! Parallel dazu ist beim Kliniker ein vermehrtes Verständnis für chronobiologische Gegebenheiten von Meßgrößen des Laboratoriums und deren Konsequenzen für die Specimenentnahme

Tabelle 3.4. Signifikante circadiane Schwankungen klinisch-chemischer Meßgrößen (Daten weitgehend nach [344], [345]), verglichen mit vitalen Lebenszeichen

Meßgröße	Schwingungsbreite (% des Gleichwertes)	Akrophase
Vitale Lebenszeichen		
Orale Temperatur	2	1200
Puls	31	1200
Serum		
Cortisol	180–200	0700
Testosteron	30–50	0700
STH	300–400	2200
Prolaktin	80–100	2200
Aldosteron	60–80	0700
Renin	120–140	2200
Adrenalin	30–50	1200
Noradrenalin	50–120	1200
B-Eosinophile	30–40	2200
Eisen	50–70	1200
Phosphat	30–40	2200
Androstendion	50–60	0700
Urin		
Cortisol	180–200	0700
Adrenalin	80–160	1200
Noradrenalin	50–100	1200
Vanilmandelsäure	30–50	1800
Homovanillinsäure	30–40	1800
Natrium	60–80	2200
Kalium	60–80	2200
Calcium	60–80	2200
Phosphat	60–80	1800

festzustellen. Die größte praktische Bedeutung unter allen chronobiologischen Effekten weisen circadiane Schwankungen auf, ist doch die Tagesrhythmik eine endogene Eigenschaft des Organismus, der „Zeitstruktur" [58] des Körpers (Tab. 3.4). Abbildung 3.4 illustriert den Kurvenverlauf an einem repräsentativen Beispiel. Bei Lipiden wurden circadiane Schwankungen (ausgedrückt als Variationskoeffizient) von 29,7 % für Triglyceride, 2,9 % für Cholesterol, 4,5 % für HDL-Cholesterol, 8,7 % für Apoprotein A und 9,3 % für Apoprotein B gefunden [333]. Die Schwankungen der Phosphatkonzentration in Plasma und Urin konnten hauptsächlich auf tageszeitlich unterschiedliche Exkretion und Verschiebungen in den Flüssigkeitsräumen zurückgeführt werden [164]; die Nahrungsaufnahme spielt eine geringere Rolle. Dazu kommt, daß z. B. bei Diabetikern die Amplitude der Harnsäurekonzentration im Serum weit größer ist als bei gesunden Probanden [68]. Unter oralen Kontrazeptiva ist der Cortisol-Peak gegen Mittag verschoben [208]. Auch bei Störungen des Lipidstoffwechsels werden ausgeprägtere und gelegentlich verschobene Peaks beobachtet. Dagegen wurde bei folgenden Meßgrößen keine signifikanten Tagesschwankungen gefunden: S-Proteine, ALAT, ASAT, S-Amylase, AP. Geringe Schwankun-

Tabelle 3.5. Ernährung und Meßgrößen des Laboratoriums

Vor der Blutentnahme 12stündige Nahrungskarenz erforderlich:	Eine leichte Mahlzeit hat keinen Einfluß auf:
S-Natrium	P-Thromboplastinzeit
S-Kalium	B-Leukozyten
S-Phosphat	Hämatokrit
Eisen	B-Hämoglobin
S-Harnsäure	S-Calcium
B,P-Glucose	S-Chlorid
AP	Cholesterol
Triglyceride	S-Harnstoff
S-Adrenalin	S-Kreatinin
S-Noradrenalin	Blutgasanalyse
S-Dopamin	S-Proteine
Cortisol	S-Proteinelektrophorese
	Transaminasen
	LDH

gen, die kaum von klinischer Bedeutung sind, wurden bei S-Natrium, S-Kalium, S-Calcium, S-Magnesium, Thyroxin, Triiodthyronin beobachtet.

Infradiane Schwankungen: Kürzlich wurde gezeigt, daß die Ausscheidung von Enzymen im Urin häufig rhythmisch verläuft, mit einer Präferenz auf circaseptanen Perioden [18].

Menstruationszyklus: Eine Abhängigkeit vom Menstruationszyklus besteht z.B. für Hormone (LH, FSH, Prostaglandin E_2, 17-Hydroxyprogesteron) und Rezeptoren. Die Specimenentnahme erfolgt am 5.–9. Zyklustag (Ausnahme: Progesteron: 19.– 23. Zyklustag). Specimen für zytologische Diagnostik sollen optimal am 18.-26. Zyklustag entnommen werden. In der lutealen Phase wurden signifikant tiefere Konzentrationen von S-Natrium und S-Harnsäure als in der follikulären Phase gemessen [212]. Die Konzentrationen einiger Spurenelemente sinken während der Menstruation oft in einen Mangelbereich ab [231]. Cholesterol und Triglyceride erreichen in der Zyklusmitte bei maximaler Estrogensekretion etwas höhere Konzentrationen als während der Menstruation. In den ersten Tagen der Menstruation können die Thrombozytenzahlen unter die Hälfte des Referenzbereiches abfallen. Und – trivial – während der Menstruation kann der Nachweis von okkultem Blut im Stuhl falsch-positiv ausfallen.

Nahrungsaufnahme: Von praktischer Bedeutung ist, für welche Meßgrößen vor einer Blutentnahme eine mindestens zwölfstündige Nahrungskarenz eingehalten werden muß, bzw. welche Meßgröße nicht merklich auf eine leichte Mahlzeit reagieren (Tabelle 3.5). (Alimentär bedingte) Hyperlipidämien können sekundär zu falschen Meßresultaten bei anderen Komponenten führen, z. B. erhöhte Senkungsreaktion oder falsch-hohe Werte für Meßgrößen, die bei kurzen Wellenlängen spektrometriert werden.

Mehrtägiges Fasten führt zu Stoffwechselumstellungen, wobei insbesondere der Abfall von Glucose sowie der Anstieg von Natrium und Kalium signifikant sind

[351]. Bilirubin im Serum kann massiv ansteigen, Plasmaproteine erheblich abfallen. Im Urin fällt die Ausscheidung der Elektrolyte massiv ab.

Mohngebäck oder mohnsamenhaltige Kuchenfüllungen können falsch-positive Opiatnachweise verursachen, insbesondere dann, wenn die Entscheidungsgrenze niedrig angesetzt ist [285].

Für einzelne Meßgrößen gelten spezifische diätetische Einschränkungen:

- Für die Bestimmung von Hydroxyprolin im Urin sind 48 Stunden vor und während der Urinsammlung verboten: Fleisch und Fleischprodukte, Bratensauce, Geflügel, Fisch, Eiscrème, Süßigkeiten, Joghurt, weil diese Nahrungsmittel Hydroxyprolin enthalten.
- Für die Bestimmung von Oxalsäure: Keine Rhabarber, Tomaten, Gurken, Spinat, Spargeln, Schokolade, Ascorbinsäure.
- Für die Bestimmung von HIAA: Keine Bananen, Avocado, Pflaumen, Auberginen, Tomaten, Grapefruit, Walnüsse, Schokolade.
- Für die Bestimmung von VMA: Kein Kaffee, Schwarztee, Vanille, Schokolade, Nüße, Ovomaltine, weil das analytische Verfahren nicht genügend spezifisch ist.
- Für den Nachweis von Blut im Stuhl sind 72 Stunden vor der Specimennahme verboten: Rotes Fleisch, Artischocken, Pilze, Broccoli, Blumenkohl, Äpfel, Orangen, Bananen, Weintrauben [79].
- Eine Blutentnahme für das Screening auf Phenylketonurie soll nicht vor dem 4. Lebenstag erfolgen, da der Defekt erst manifest werden kann, wenn das Neugeborene eine ausreichende Menge an Protein erhalten hat.
- Der orale Glucosetoleranztest ist nur unter folgenden Kautelen aussagekräftig:

Fallbeispiel: präanalytische Kriterien beim oralen Glucosetoleranztest	
Vorbereitung	3 d mit > 150 g Kohlehydrate/d und normaler körperlicher Aktivität nüchtern, Nahrungskarenz >10 <16 h
Zeit	vormittags (nachmittags Stoffwechselkapazität geringer)
Patient	P-Glucose > 6,4 < 7,8 mmol/l sitzend Ø Rauchen Ø Arzneimittel
Belastung	75 g (Erwachsene) 100 g (Schwangere) 1,75 g/kg ideales Körpergewicht (Kinder)
Blutentnahme (WHO)	venöses Plasma zu Beginn und nach 2 h

Klinische Spezialdiäten können folgende Veränderungen bewirken:

- Kohlenhydratarme Kost: S-Cholesterol sinkt, Glucosetoleranztest pathologisch
- Proteinreiche Kost: ALAT, ASAT, S-Harnstoff steigen, letztere Meßgröße besonders bei Nierenerkrankungen
- Proteinarme Kost: S-Proteine und S-Harnstoff sinken.

Genußmittel: Akuter Ethanolgenuß hat entgegen oft zitierten früheren Arbeiten keinen signifikanten Einfluß auf die Aktivität von AP, ASAT und GGT [67] sowie die Konzentrationen von Cholesterol, HDL- und LDL-Cholesterol und der Triglyceride [28]. Hingegen reagiert die Thromboplastinzeit empfindlich auf akuten Alkoholgenuß, insbesondere bei Patienten ohne regelmäßigen Alkoholkonsum. Die gesteigerte Fibrinolyse nach Nikotinkonsum scheint auf einem Aktivitätsanstieg des Gewebsplasminogenaktivators zu beruhen [8]. Eine sorgfältige Studie über den kombinierten Einfluß von Alkohol und Nikotin [270] ergab, daß beide Genußmittel unabhängig wirken (Nikotin allein bewirkt Anstieg von AP und Leukozytenzahl, Förderung der Plättchenaggregation sowie Erniedrigung von Bilirubin), wobei die Wirkung von Alkohol bis zu 6 Wochen anhält. Zu beachten ist, daß Ethanol Arzneimitteleinflüsse potenzieren kann. Analog muß unter oraler Antikonzeption besonders dann mit Störungen gerechnet werden, wenn gleichzeitig Nikotin konsumiert wird. Passivrauchen kann positive Cannabis-Nachweise verursachen.

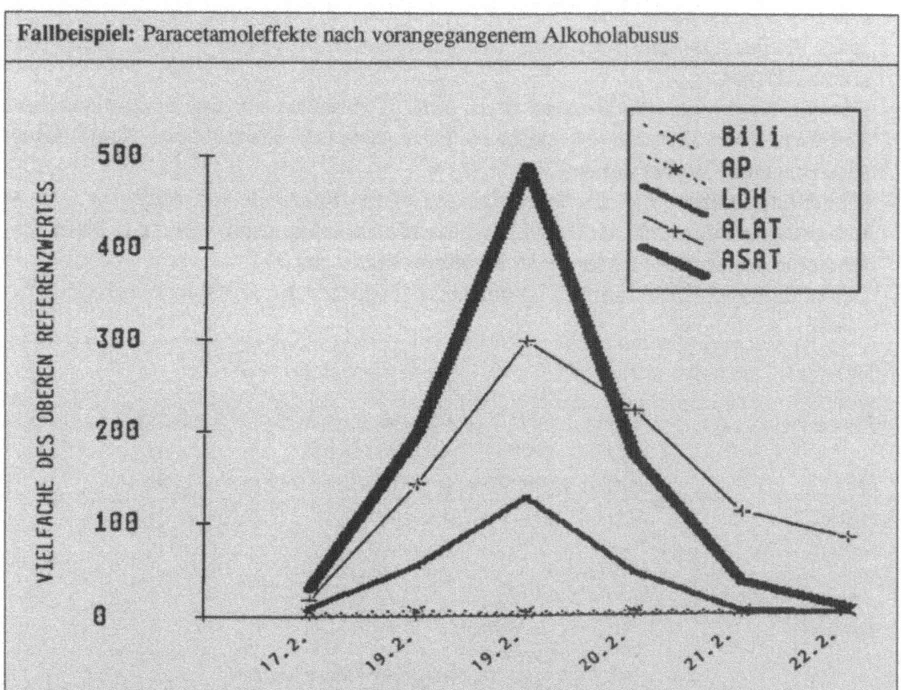

30jähriger Mann erscheint am Mittwoch, 17.12. nach einem Wochenende mit schwerem Alkoholabusus im Ambulatorium und klagt über Übelkeit und Erbrechen. ASAT 995 U/L, ALAT 630 U/l, LDH 1345 U/l, S-Bilirubin 36 µol/l. Diagnose: akute Hepatitis mit unklarer Aetiologie. Stationäre Hospitalisation am 19.2. Anamnese: Seit dem Wochenende insgesamt 4,5 g Paracetamol geschluckt. Therapie: Infusion plus Vitamin K. Entlassung am 3. Tag (Daten nach [284]).

Orthostase: Bekanntlich lassen die Poren der Blutgefäße gelöste Stoffe nur bis zu einem Durchmesser von ca. 4 nm passieren. Deshalb kommt es beim Aufstehen zu einem Versacken von Wasser ins Gewebe und damit zu einer Anreicherung korpus-

Tabelle 3.6. Einfluß von Orthostase auf Meßgrößen des Laboratoriums (aus [2621])

Signifikante Orthostaseabhängigkeit	Keine signifikanten Unterschiede
B-Erythrozyten	S-Harnstoff
B-Leukozyten	Glucose
B-Hämatokrit	S-Harnsäure
B-Hämoglobin	S-Kreatinin
S-Protein	S-Natrium
Cholesterol	S-Chlorid
Triglyceride	und weitere niedermolekulare Komponenten,
S-Bilirubin	sofern nicht an Protein gebunden
S-Calcium	
S-Phosphat	
Enzyme	
P-Hormone, sofern an Protein gebunden	
P-Metalle	

kulärer und hochmolekularer Komponenten im Gefäßsystem. Tabelle 3.6 stellt einige Meßgrößen vor, bei denen eine signifikante Orthostaseabhängigkeit festzustellen ist. Das Ausmaß der Hämokonzentration bei der Aenderung der Körperlage vom Liegen zum Stehen beträgt 10–20 %. Der Effekt ist nach 10–20 min Liegen reversibel. Arzneimittel mit starker Proteinbindung unterliegen ebenfalls diesen Gegebenheiten [1]. Bei Noradrenalin, Aldosteron und Renin führt die Veränderung der Kreislaufsituation beim Uebergang vom Liegen zum Stehen zu signifikanten Anstiegen. Häufig wird Albuminurie beobachtet, besonders, seit empfindlichere Bestimmungsmethoden zur Verfügung stehen. Die skizzierten Effekte sind bei Patienten mit bestehenden Oedemen häufig noch ausgeprägter und erreichen zum Beispiel bei kardialer Insuffizienz bis zu 30 %. Anhand von Lipidbestimmungen wurden diese bekannten Gegebenheiten kürzlich auf den sitzenden Patienten ausgeweitet, wo bei gesunden Probanden eine Hämokonzentration von 5–9 % gemessen wurde [211].

Körperliche Betätigung: Gut untersucht sind die Veränderungen biochemischer Meßgrößen bei Marathonläufern [10, 29]: nach der Leistung waren erhöht: Natrium, Kalium, Protein, Hämatokrit, Aldosteron, Renin, Harnsäure, Kreatinin, Cortisol, Myoglobin, Lactat, CK, ASAT, U-Kreatinin, U-Harnstoff. Erniedrigt waren CO_2 und Testosteron. Die Veränderungen konnten teilweise während bis zu 5 d verfolgt werden. Sie werden erklärt durch Wasser- und Mineralverluste, Muskelnekrosen, Veränderungen im Energiestoffwechsel unter Erhöhung des Protein-Katabolismus. Eisenmangel ist ein häufiges Problem bei Langstreckenläufern. Intensiv trainierende Athleten verlieren mit dem Schweiß 1 mg/d [156]. Die Zunahme der Leukozytenzahl im Blut nach Muskelaktivität ist schon seit 100 Jahren bekannt. Sie wird als Einschwemmung von Zellen aus dem Gewebe und den Gefäßwänden erklärt und geht binnen Minuten bis Stunden nach der Anstrengung auf das Normalmaß zurück. Anzahl und insbesondere Funktion von B- und T-Lymphozyten sind beim Spitzensportler oft erniedrigt. Diese Tatsache provozierte die – wohl voreilige und übertriebene – Schlußfolgerung, daß intensive körperliche Betätigung das Immunsystem schwäche und damit zu einer erhöhten Anfälligkeit für Infektionen führe. Nicht nur eine sportliche Spitzenleistung, sondern auch die tägliche körperliche Betätigung kann die Aussagefähigkeit von Laborwerten beeinflussen. Dieser Umstand ist besonders zu beachten, wenn ambulante Patienten zur Untersuchung eintrefffen. Am häufigsten beobachtet werden Erhöhungen von CK, CK-MB, LDH, von Myoglobin sowie der Gerinnungsvalenz. Weiterhin wird über Veränderungen von Hormonen, Absinken von Triglyceriden und Cholesterol sowie von Serumeisen und Haptoglobin, Anstieg von Harnsäure und Kreatinin, Auftreten von Protein, Zellen und Zylindern im Urin berichtet [7]. Das Verhalten weiterer Komponenten, insbesondere von Serumenzymen, Glucose und Elektrolyten, hängt vom Trainingszustand sowie von Ausmaß und Dauer der Belastung (Schwitzen) ab [263]. Auch hämatologische Meßgrößen zeigen signifikante Veränderungen [282]: Leukozytose bis zu 50 x 10^9/L, Anstieg von Hämatokrit, Hämoglobin und Erythrozyten um 10–30 % nach akuten Anstrengungen. Radfahren (besonders Mountain biking) kann zu Hämaturie führen. Beim durchtrainierten Athleten werden relativ niedrige Hämatokritwerte und Hämoglobinkonzentrationen, aber erhöhte HbE-Werte gefunden. Die leistungsbedingte Proteinurie bei Athleten beruht hauptsächlich auf Albuminausscheidung, ist sowohl glomerulär wie tubulär und reversibel [54]. Die Autoren ermittelten, daß der erhöhte Proteinbedarf von Athleten zum Teil auf diese Proteinurie zurückgeht. Der Serum-Kreatininspiegel von normal ernährten Personen kann abends als Folge der körperlichen Aktivität um 50 % höher liegen als das Tagesmittel. Wichtig für die Nierendiagnostik ist, daß Resultate im Specimen, die nach 1100 abgenommen worden waren, nicht mit Sicherheit beurteilt werden können [243].

Immobilisation: Young [352] faßte ältere Daten über die Effekte von Bettruhe zusammen: Erhöhung der Serumkonzentrationen von Calcium um 0,13 mmol/L, von Albumin um 3 g/L, von Cholesterol um 0,4-0,8 mmol/l, vermutlich Ausdruck eines verringerten Plasmavolumens. Im Urin wird mehr Calcium, Phosphat und insbesondere Stickstoff ausgeschieden, wobei die Normalisierung bei Rehabilitation bis zu 6 Wochen beanspruchen kann. Keller [161] schloß aus solchen Daten, daß es „unsinnig ist, bei immobilisierten Patienten jene Referenzintervalle anzunehmen, die von gesunden, aktiv tätigen Probanden gewonnen wurden." Ferner ist bekannt, daß bei gelähmten Patienten die skizzierten physiologischen Schwankungen geringer sind.

Nach *Ganzkörpermassagen* wurden bei gesunden Personen 8 h nach der Massage Anstiege der ASAT um 54 %, der LDH und der CK beobachtet [243].

Bodybuilder (und -innen) können in der Vorbereitungsphase eines Wettkampfs in den Zustand einer Hypokaliämie und Hypophosphatämie geraten [32].

Streß: Die folgenden Hinweise beziehen sich ausschließlich auf psychischen Dysstreß. B-Lactat im Referenzintervall kann als Unterscheidung zu physischem Streß dienen [283]. In der klinischen Situation (z. B. Operation, Geburt) ist die Abgrenzung gegenüber anderen Einflußgrößen schwierig. Besser gelingt es zum Beispiel in Prüfungssituationen, Stoffwechselveränderungen bei den Probanden zu erfassen. Gut belegt sind insbesondere eine vorübergehend beeinträchtigte Immunkompetenz [127, 232] sowie erhöhte Cortisol- und Prolaktin-Konzentrationen im Plasma [61]. Von den hämatologischen Meßgrößen stiegen die B-Leukozyten um 8 %, die Thrombozyten um 3,5 % und B-Hämoglobin um 2 % an [153]. Eine Untersuchung an 32 Patienten mit koronarem bypass zeigte einen signifikanten Anstieg von Vasopressin [326]. Nicht überraschend war bei einer Gruppe von 10 Cholestystektomie-Patienten die Plättchenfunktion aktiviert [223]. Die Anstiege von Cortisol, Noradrenalin und Adrenalin sowie der Abfall von Angiotensin-Converting-Enzyme im Plasma unter der Operation sind mit der Tragweite des Eingriffs verknüpft [52]. Alle Abweichungen waren nach 24 h normalisiert. Bei Patienten, die lebensgefährlich an Pneumonie erkrankt waren, wurden signifikante Anstiege von P-Adrenalin, P-Noradrenalin, Wachstumshormon, Cortisol, P-Glucose und freien Fettsäuren nachgewiesen [80]. Der Anstieg von Albumin vor dem ersten Fallschirmabsprung wurde als Hämokonzentration interpretiert [74]. Schließlich konnte bei einer Gruppe von 20 Automobilrennfahrern gezeigt werden, daß die Katecholamin-Ausscheidung im Urin erhöht war [283].

4 Arzneimittelinterferenzen

Zahlenmäßig stellen wohl Arzneimittelinterferenzen das häufigste – und ständig noch zunehmende – präanalytische Problem dar. Neue, immer potentere Arzneimittel greifen immer nachhaltiger in den Stoffwechsel des Patienten ein und führen so zu einer Zunahme der in-vivo-Einflußgrößen. In solchen Fällen sind die gemessenen Resultate objektiv richtig, im Hinblick auf den Charakter der labormedizinischen Meßgrößen als Marker einer Stoffwechselveränderung aber klinisch unerwartet, unglaubhaft, und werden oft als „Laborfehler" abgetan. Dagegen sind in-vitro-Störungen dank dem Einsatz von spezifischeren Meßmethoden signifikant zurückgegangen. In solchen Fällen sind die Meßresultate objektiv falsch. Und zwar falsch-tief, wenn der Analysengang verzögert, unterdrückt oder in eine falsche Richtung gelenkt wird. Oder aber falsch-hoch, wenn das analytische Verfahren zwischen dem eigentlichen Analyt und dem Arzneimittel nicht zu unterscheiden vermag. Nach Hagemann/Reimann [126] liegen in insgesamt 47 Hauptgruppen der Roten Liste der Arzneimittel keine klinisch signifikanten Störungen vor. In 20 Hauptgruppen sind je maximal 5 Störungen belegt. Das Gros der Störungen konzentriert sich auf die 7 Hauptgruppen **Analgetika/Antirheumatika, Antiarrhythmika, Antibiotika, Antiepileptika, Antihypertonika, Sexualhormone** und ihre Hemmstoffe sowie **Zytostatika** und Metastasehemmer (Abb. 3.5).

An gedruckten Unterlagen sind die Bücher von Salway [273], Tryding [320] und Young [353] die im Moment aktuellsten Zusammenstellungen von Arzneimittel-Interferenzen. Die mitgeteilten Resultate bedürfen freilich einer kritischen Sichtung [290, 300]. In der Praxis interessieren lediglich klinisch relevante Störungen aufgrund tatsächlich möglicher Serumkonzentrationen von Arzneimitteln. In Tabellenwerken für den Routinegebrauch sind lediglich gebräuchliche Arzneimittel und gegenwärtig übliche Labormethoden zu berücksichtigen; eine Beschränkung auf Effekte beim Menschen ist erwünscht. Eine stark geraffte Zusammenstellung nach diesen Kriterien wurde kürzlich vorgelegt [126]. Bei der Anamnese ist nota bene zu berücksichtigen, daß Patienten Vitamine, Schmerzmittel, Antikonzeptiva oder etwa Laxantien in der Regel nicht als erwähnenswerte Arzneimittel betrachten. Ueberdies sind aufgrund vererbter Polymorphismen in der Arzneimittelwirkung streng kausal

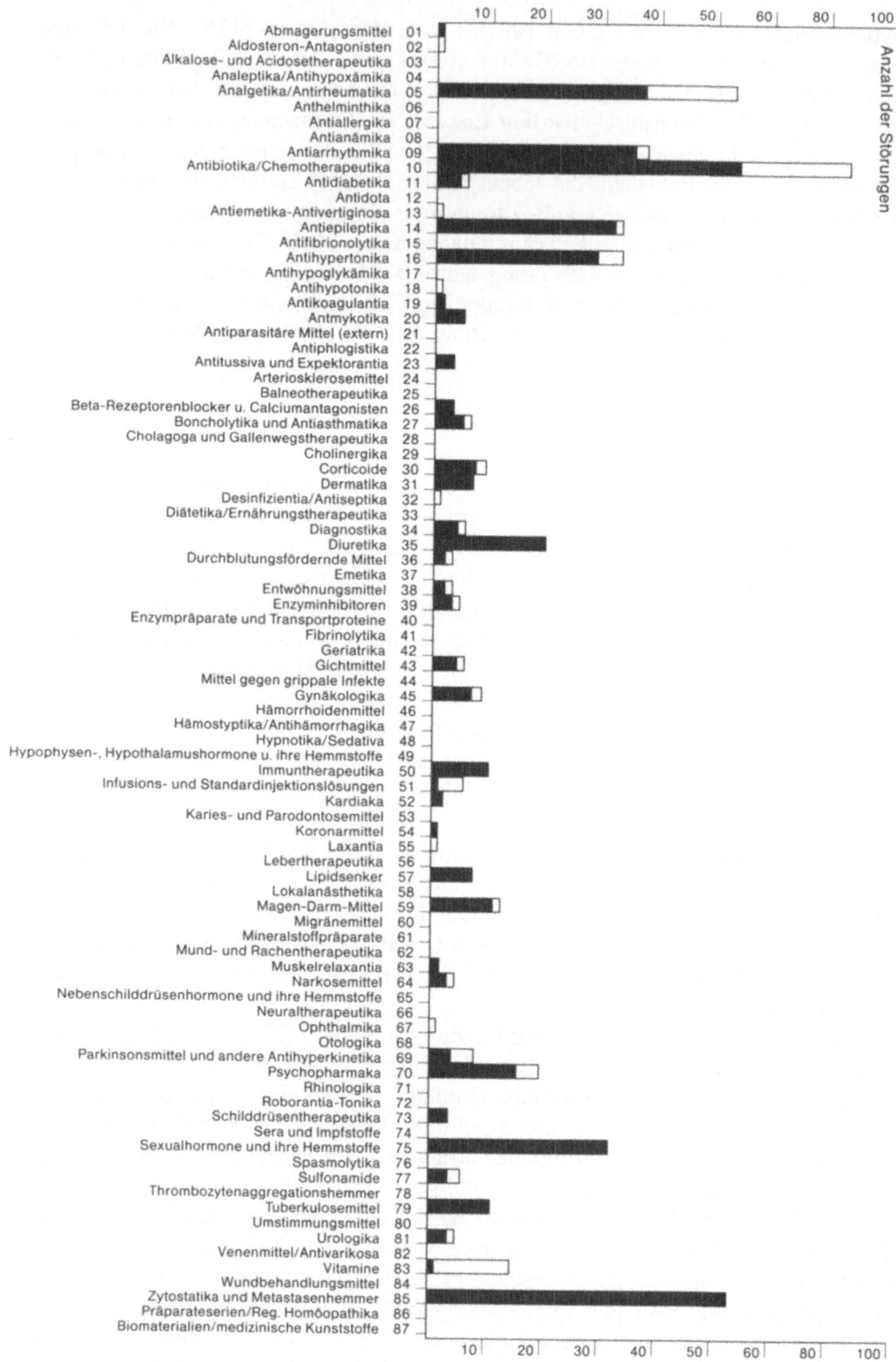

Abb. 3.5. Relative Anzahl der Störungen von Laborwerten, gegliedert nach Hauptgruppen der Roten Liste. Schwarz: In-vivo-Wirkungen, weiß: In-vitro-Wirkungen (aus [126])

Tabelle 3.7. Arzneimittel, die besonders häufig Laborwerte beeinflussen (aus [126])

Arzneimittel	Meßgröße											
	S-ALAT	S-AP	S-Bilirubin	S-Cholesterol	S-GGT	B-Hämoglobin	S-Harnsäure	S-Kreatinin	B-Leukozyten	B-Thrombozyten	S-Thyroxin	S-Triglyceride
Acetylsalicylsäure	↑					↓	↓	↑	↓		↓	
Anabolika											↓	
Androgene											↓	
Ascorbinsäure				↑				↓↑				↓
Asparaginase	↑	↑	↑									
Ajmalin	↑	↑	↑						↓	↓	↓	
Azathioprin									↓	↓		
Calciumantagonisten	↑	↑				↑						
Carbamazepin		↑				↑				↓	↓	
Chinin						↓				↓		
Chinolone (Gyrasehemer)	↑	↑	↑			↓		↑	↓	↓		
Chlortalidon				↑			↑					↑
Ciclosporin		↑	↑				↑	↑				
Cimetidin								↑↑	↓	↓		
Cisplatin						↓		↑				
Clofibrat	↑		↓		↓						↑	
Cytarabin	↑↑	↑							↓	↓		
Dacarbazin	↑		↑						↓	↓		
Dactinomycin									↑			
Erythromycin	↑		↑			↓						
Estrogene											↑	↑
Ethambutol	↑						↑					
Etoposid									↓	↑		
Flucloxacillin		↑	↑						↓	↓	↑	
Fluorouracil												↑
Furosemid				↑			↑	↑				↑
Glucocorticoide									↓		↓	
Heparin										↓	↑	↑
Hydrochlorothiazid				↑			↑			↓		↑
Isoniazid	↑	↑	↑									
Isotretinoin				↑			↑					↑
Kontrazeptiva	↑	↑	↑	↑	↑				↑			↑
Levodopa			↑				↓					
Methotrexat						↓				↓		
Methyldopa	↑	↑	↑		↓	↓	↓	↑	↓	↓		
Penicillin						↓			↓			
Phenobarbital			↓		↑			↓				
Phenylbutazon						↓			↓		↓	↓
Phenytoin	↑	↑	↑	↑	↑						↓	
Prazosin				↑				↑				↑
Procarbazin									↓	↓		
Ranitidin								↑				
Rifampicin	↑	↑	↑									
Sulfonylharnstoffe	↑		↑								↓	
Valproinsäure	↑									↓		
Vinblastin									↓			

determinierte Wirkungen nicht zu erwarten [209]. Die Häufigkeit der Beeinflussung beträgt bei Patientinnen unter oralen Antikonzeptiva 100 % der betroffenen Meßgrößen (insbesondere thyroxinbindendes Globulin, Ceruloplasmin, Transferrin und andere Transportproteine sowie die zugehörigen Meßgrößen). Am anderen Ende der Häufigkeitsskala stehen extrem seltene Effekte wie etwa die Knochenmarkaplasie unter Chloramphenicol (<1:20000 Patienten [195]). Eine Auswahl häufig angetroffener Störungen auf übliche Labormethoden ist in Tabelle 3.7 dargestellt. Eine Sonderrolle spielt wohl die orale Kontrazeption mit ihren komplexen Auswirkungen auf Laborresultate. Die Beurteilung früherer Studien ist freilich dadurch erschwert, daß der Estrogengehalt der heutigen Minipille bedeutend geringer geworden ist. Bei den Serumenzymen ist die Initialphase zu Beginn einer Behandlung durch Aktivitätsanstiege von ALAT, ASAT, GGT sowie eine Aktivitätsverminderung von ChE und AP charakterisiert. Bereits nach 1–3 Zyklen werden maximale Aenderungen beobachtet (ALAT und GGT ca. auf das 1,8fache, ChE und AP ca. auf das 0,7fache des Ausgangswerts). Diese Peaks sind bei fortdauernder Behandlung rückläufig, doch erreichen die Enzymaktivitäten die Ausgangswerte nicht ganz [276]. Ferner ist die intraindividuelle Schwankung von Protein, Albumin, Cholesterol und Amylase im Serum sowie Hämoglobin im Blut signifikant höher [141]. Im weiteren ist eine erhöhter vaginaler Sproßpilzbefall bekannt, ein Effekt, der freilich mit der Anwendungsdauer oraler Kontrazeption abnimmt und durch einen deutlichen Anstieg der Soorhäufigkeit in der warmen Jahreszeit überlagert ist [101]. Über die praktische Relevanz auch gesicherter Einflüsse ist damit noch nichts ausgesagt; es wird angenommen, daß sie geringer ist als auf Grund der umfangreichen Listen erwartet [25]. Einige Beispiele für den Stellenwert derartiger Effekte im Rahmen anderer Variabler wurden durch Siest [289] publiziert (Tabelle 1.6). Für die Zukunft wird es zunehmend wichtiger sein, Effekte von neuen Arzneimitteln auf Laborwerte prospektiv zu erfassen, insbesondere bei Produkten von hoher Wirksamkeit und zentralem Ansatzpunkt im Stoffwechsel. Ein aktuelles Beispiel dafür ist Filgrastim (Granulozyten-koloniestimulierender Faktor).

Ein praktisch *nützlicheres Informationssystem* über Arzneimittel-Nebenwirkungen sollte

– aus dem verfügbaren Daten-Thesaurus die tatsächlich angewendete Labormethode herausfiltrieren
– nur die Wirkungen der tatsächlich verwendeten Arzneimittel erfassen
– den aktuellen Serumspiegel berücksichtigen
– für alle Benützer aufdatiert sein.

Diese Forderungen können nur erfüllt werden, wenn lokale Informationen eines Krankenhaus-Informationssystems mit regionalen bzw. nationalen Datenbanken vernetzt werden.

In einzelnen Fällen wird die beeinflußte Kenngröße zum *„drug monitoring"* genutzt: die bekanntesten Beispiele sind die Bestimmung der Thromboplastinzeit zur Kontrolle der oralen Antikoagulation und die Bestimmung der partiellen Thromboplastinzeit zur Kontrolle der Heparinisierung. Weitere Beispiele sind die Bestimmung der Leukocytenzahl unter Clozapin zur Früherfassung einer allfälligen Agranulocytose, der Retikulozyten- und der Leukozytenzahl unter Chloramphenicol zur Vermeidung einer aplastischen Anämie, verschiedener hämatologischer Meßgrößen unter Zytostatika oder etwa die Bestimmung von Kalium im Serum unter Diuretika [255].

5 Diagnostische Maßnahmen

Einige Beispiele von diagnostischen Maßnahmen mit praktisch relevanten Effekte auf Laboratoriumsuntersuchungen sind bereits seit langem bekannt [228], andere hängen mit neueren diagnostischen Verfahren zusammen:

- Punktionen, i.m.-Injektionen (abhängig von Ort, Dosis und Volumen der injizierten Lösung, Anstieg bis zum 10fachen des oberen Referenzwertes mit einem Maximum zwischen 6 und 24 h [281]), Biopsien, Laparaskopien und Endoskopien führen zu einem Anstieg von CK, ASAT und LDH, können pathologische Urinbefunde und einen positiven Blutnachweis im Stuhl bewirken. Nach Nadelbiospie der Prostata kann PSA bis zu 6 Wochen erhöht sein.
- Röntgenkontrastmittel stören insbesondere die Serumprotein-Elektrophorese, die Bestimmung aller Serumenzyme, Schilddrüsenfunktionstests (Effekt bis zu 3 d feststellbar) sowie einzelne Nachweise im Urin (z.B. relative Dichte).
- Fluorescein, z. B. nach Netzhautangiographie, kann eine ganze Reihe spektrometrischer und fluorimetrischer Verfahren im Serum und Urin stören [151] und z.B. zu signifikant erhöhten Kreatininresultaten führen [69].
- Immunszintigrafie kann die Bildung von anti-Immunglobulinen in hoher Konzentration induzieren, welche Immunotests nachhaltig zu stören vermögen [337].
- Orale Glucosetoleranztests führen zu einem Anstieg von Kalium, Magnesium und Phosphat und einem Abfall von Natrium und Calcium im Plasma.
- Belastungs-Ekg können zu Hämokonzentration führen und damit die Meßgrößen von Tabelle 3.6 verfälschen.
- Palpation der Prostata kann die Konzentration der Prostata-Phosphatase erhöhen, insbesondere bei Prostata-Kranken; das prostataspezifische Antigen ist weniger betroffen [234, 315]; eine sichere Blutentnahme sollte frühestens nach 48 h erfolgen.
- Nach endoskopischer retrograder Cholangiopankreatographie steigen P-Amylase um etwa das Vierfache, Lipase um etwa das 13fache an (Peak nach ca. 4 h). Die Ausgangsaktivitäten sind nach ca. 50 h (Amylase) bzw. 70 h (Lipase) wieder erreicht [233].

Die meisten der skizzierten Interferenzen können durch eine geschickte *Planung* der Reihenfolge diagnostischer Maßnahmen vermieden werden.

6 Weitere therapeutische Maßnahmen

Operative Eingriffe: Aus der Vielfalt von Auswirkungen von operativen Eingriffen auf Laborresultate [202] seien folgende Beobachtungen herausgegriffen:

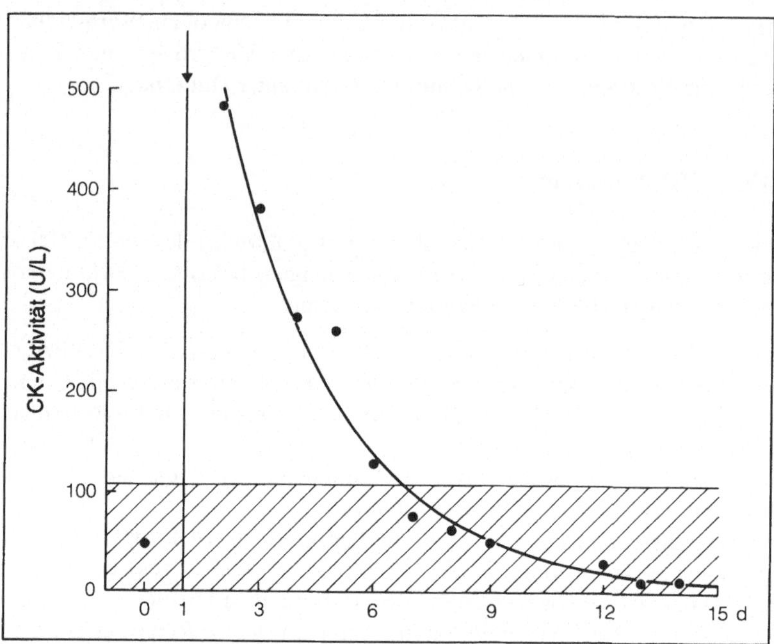

Abb. 3.6. Abfall der CK-Aktivität nach einem operativen Eingriff (↓). Referenzintervall schraffiert [100]

– Postoperative Hyperbilirubinämie, bei der es sich häufig lediglich um ein Overloading-Symptom handelt. Bei lang anhaltender und ausgeprägter Erhöhung muß freilich an die Möglichkeit einer Nachblutung bei Koagulopathien oder Insuffizienz einer Gefäßligatur gedacht werden.
– Harnstofferhöhungen bei normalem Kreatininspiegel werden nach Eingriffen am Magen-Darmtrakt mit Blutungen in das Darmlumen oder bei Nachblutungen beobachtet. Auch okkulte Blutungen bei postoperativen Komplikationen wie Streßulkus, Verbrauchskoagulopathie oder hämorrhagischer Infarzierung des Dünndarms äußern sich durch diese Diskrepanz. Passagere Harnstofferhöhungen mit Werten bis 10 mmol/L sind in den ersten postoperativen Tagen häufig.
– Erhöhte Enzymaktivitäten (Abb. 3.6) hängen stark von der Art und der Lokalisation des Eingriffs ab. Als Beispiel für die CK: Bei Durchtrennung der Bauchdecken in der Medianlinie wird die Muskulatur weniger alteriert als bei Querdurchtrennung; somit ist ein geringerer Anstieg der CK zu erwarten.
– Unlängst wurden Proteine im Serum und Urin bei Verbrennungen und nach Operationen untersucht [356]. Abbildung 3.7 zeigt die allgemeine Tendenz des Verlaufes der untersuchten Meßgrößen zu Beginn der postoperativen Phase. Ergänzend wurde ein postoperativer Ferritin-Anstieg mitgeteilt [268]. Die maximalen Anstiege der Akutphasen-Proteine treten am 2. postoperativen Tag auf [287]; bei Komplikationen waren die beobachteten Erhöhungen ausgeprägter und anhal-

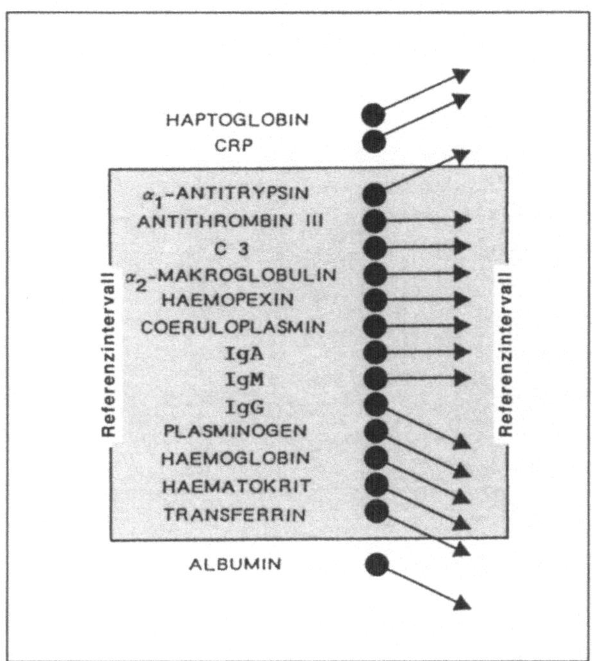

Abb. 3.7. Allgemeine Tendenz von Plasmaproteinen zu Beginn der postoperativen Phase [356]

tender, insbesondere bei α_1-Antichymotrypsin. Die extrem niedrigen Albumin-Werte bei Verbrennungen sind nicht durch Hämodilution bedingt.

— Das Narkotikum Halothan stört die Bestimmung des pO_2. Die beobachteten Verfälschungen nach oben betragen 30–40 %. Dabei bezieht sich die Halothan-Wirkung weniger auf die halotanhaltige Probe selbst als auf die nachfolgenden Untersuchungen [220].

— Bei Kindern konnte gezeigt werden, daß die Konzentrationen von B-Glucose sowie von P-Lactat postoperativ ansteigen, abhängig vom Ausmaß des operativen Streß' [232].

— Bei Patienten mit Herzoperationen unter kardiopulmonalem bypass werden quantitative und qualitative Veränderungen der Blutzellen beobachtet, deren Fehlinterpretation als pathologische Indizien nahe liegt: Anisozytose, Poikilozytose, unreife Leukozytenvorstufen, kernhaltige Erythrozyten im peripheren Blut sowie eine Verringerung von Thrombozytengröße und -zahl [2].

— Nach transurethraler Prostataresektion sind Prostataphosphatase und prostataspezifisches Antigen um ein Mehrfaches erhöht. Jene ist in der Regel innert 48 h wieder im Referenzintervall, dieses bleibt meist für mehrere Tage erhöht [230].

Bei *beatmeten Patienten* sollte eine Blutentnahme für die Blutgasanalyse frühestens 20 min nach der letzten Änderung eines Beatmungsparameters vorgenommen werden, um ein repräsentatives Bild für den Zustand des Patienten zu ergeben [278]. Reanimation führt stets zu erhöhten CK-Aktivitäten.

Tabelle 3.8. Auswirkungen parentaler Ernährung (aus [239]).

Messgrösse	Therapiedauer		
	1-14 d	15-28 d	29-42 d
Albumin	↓	↓	↓
Transferrin	=	↓	↓
Cholesterol	↓	↓	↓
Triglyceride	↓	↓	↓
Bilirubin	↑	↑	↑
Kreatinin	=	=	=
ALAT	↑	↑	↑
Phosphat	=	=/↓	=/↓
Kalium	=	=	=
Calcium	=	=	=

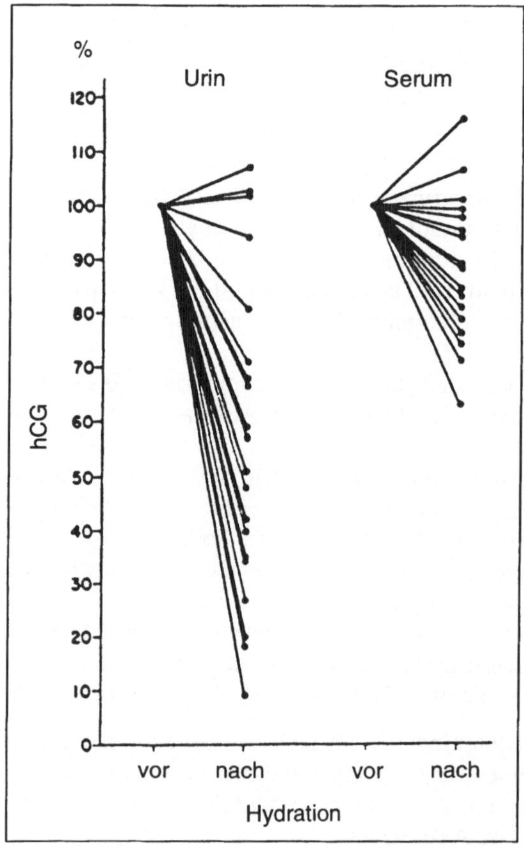

Abb. 3.8. Prozentuale Veränderungen der hCG-Konzentrationen bei Patientinnen mit ektopischer Schwangerschaft vor und nach Hydration [142]

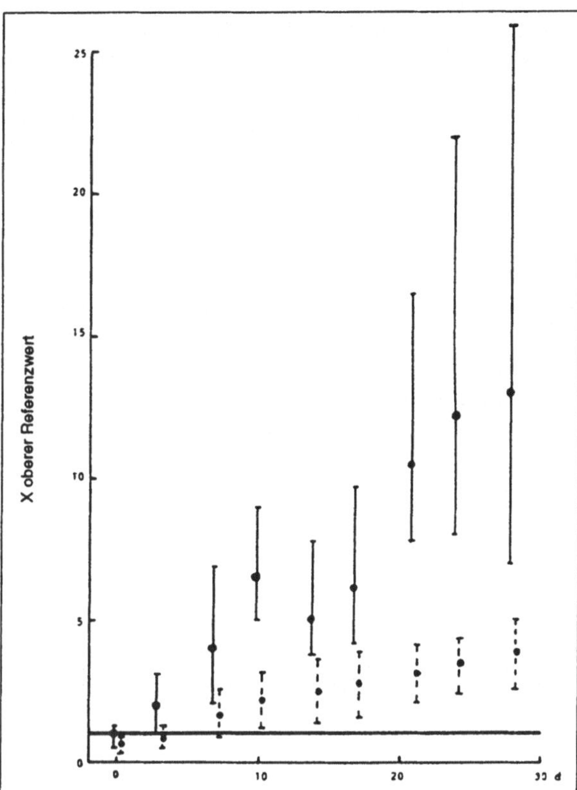

Abb. 3.9. Hämoglobin (–) und LDH (– –) im Plasma von Blutkonserven, abhängig von der Lagerdauer (n=5). Oberer Referenzwert (fette Linie) für Hämoglobin 40 mg/L, für LDH 430 U/L

Einige Veränderungen des Stoffwechsels von total *parenteral ernährten Patienten* sind in Tabelle 3.8 zusammengestellt. Überhaupt stellen Infusionslösungen ein erhebliches Störpotential dar, sei es als in-vitro-Störfaktor (z. B. Lipidinfusionen, Dextrane), sei es als in-vivo-Einflußgröße (z. B. i.v.-Hydration, Abb. 3.8). Indessen können derartige Verfälschungen durch eine geeignete Planung der Blutentnahme erheblich reduziert werden.

Bluttransfusionen: Auswirkungen von Bluttransfusionen – ohne klinische Komplikationen zu erwähnen – können umfassen [91]:

– Citratintoxikation bei Massivtransfusionen
– Hyperkaliämie vor allem bei Neugeborenen und bei Patienten mit Elektrolytstoffwechselstörungen
– hämorrhagische Diathesen
– hämolytische Transfusionsreaktionen
– Hämosiderose
– Anstieg der ChE nach Gabe von frischgefrorenem Plasma [31].

Eine Untersuchung aus dem eigenen Laboratorium (Abb. 3.9) illustriert, in welchem Ausmaß solche Störungen vom Alter der transfundierten Konserven abhängen. Die Hämokonzentration bei Plasmapherese verursacht beim Spender einen Anstieg von Erythrozyten und Hämoglobin im Blut, der sich innert weniger Tage normalisiert [308].

Vom biochemischen Standpunkt aus muß die *Dialyse* als kataboles Ereignis aufgefaßt werden. Im Serum sinken die Konzentrationen von Glucose, Aminosäuren und anderen kleinmolekularen Komponenten, während die Akutphaseproteine ansteigen. Leukozyten sinken innerhalb 30 min auf die Hälfte, normalisieren sich indessen in der nächsten halben Stunde wieder. Harnstoff diffundiert rasch durch die Erythrozytenmembran; infolgedessen können die nach Dialyse im Plasma gemessenen Werte als repräsentativ angesehen werden. Kreatinin und Harnsäure dagegen werden im wesentlichen nur aus dem Plasma dialysiert; nach Dialyse erfolgt eine langsame Aequilibration zwischen Erythrozyten und Plasma. Dieser Umstand reduziert die Validität von Clearance-Ermittlungen unmittelbar nach Dialyse und erschwert klinische Schlußfolgerungen daraus [66].

Beim katheterisierten Patienten ist die Abgrenzung relevanter Bakteriurien schwierig; als Entscheidungsgrenze für Infektion wird eine Keimzahl von $\geq 10^2$ vorgeschlagen [309].

Therapien mit ionisierenden Strahlen führen zum Abfall von Thrombozyten und Leukozyten sowie zu erheblichen Anstiegen der Harnsäure im Plasma bei der Einschmelzung von Tumorgewebe.

Das Specimen

Das Specimen ist derjenige Teil des Patienten, der für die Untersuchung zur Verfügung steht. In dieser Betrachtungsweise ist der Patient das Supersystem, das Specimen das zu analysierende System, die Meßgrößen die entsprechenden Systemkomponenten. Die ermittelten Resultate sind *dann* für das Supersystem repräsentativ, wenn die Specimengewinnung unter Beachtung der entsprechenden präanalytischen Kautelen erfolgt ist.

1 Zeitpunkt der Specimengewinnung

Bakteriämien: Bei kontinuierlichen Bakteriämien (z. B. infizierte Herzklappe, infizierte Katetherspitze) ist der Zeitpunkt der Blutentnahme ohne Bedeutung. Bei den weitaus häufigeren intermittierenden Bakteriämien wäre eine Blutentnahme **vor** einem Temperaturanstieg optimal; da diese Forderung utopisch ist, sollen Blutkulturen möglichst früh bei Temperaturanstieg angelegt werden. Am ungünstigsten ist wohl der Höhepunkt eines Fieberschubs, weil dann die meisten Bakterien abgestorben sind. Dagegen soll für die Diagnostik einer Malaria die Blutentnahme gegen Ende eines Fieberanstiegs optimal sein und beste Voraussetzungen für das Auffinden des Parasiten im Ausstrich schaffen.

Metabolite: Physiologische Gesichtspunkte lassen Glucose-Bestimmungen 2 h postprandial sinnvoller erscheinen als Nüchtern-Bestimmungen. Auch in der Lipid-Diagnostik werden solche Überlegungen diskutiert. Aus analytischen Gründen (Chylomikronen stören) wären dabei aber meßtechnisch häufig nur die Apoproteine zugänglich. Für die Erstellung von Glucose-Tagesprofilen sind die vereinbarten Entnahmezeiten ± 10 min genau einzuhalten, um vergleichbare Profile sicherzustellen.

Klinische Pharmakologie: Bei der Kontrolle der Antikoagulantien-Therapie mit Hilfe der Thromboplastinzeit ist es sinnvoll, nach einem Ausgangswert zu Beginn der Antikoagulation die folgenden Bestimmungen im 3-Tage-Intervall durchzuführen, bis sich die Kurve im therapeutischen Bereich eingependelt hat. Anschließend genügt in den meisten Fällen eine Kontrolle im 3-Wochen-Intervall (Halbwertszeit von Phenprocoumon: ca. 120 h). Für die korrekte Messung von Arzneimittelkonzentrationen im Serum ist das richtige Intervall zwischen Medikation und Specimenentnahme entscheidend. In der Regel wird die Tal-Konzentration bestimmt [82]. Dabei erfolgt die Specimenentnahme am Morgen vor der ersten Tagesdosis des Medikaments. Die publizierten Referenzintervalle gelten für diese Kautelen. Für die Abschätzung vernünftiger Intervalle zwischen zwei Bestimmungen ist davon auszugehen, daß ungefähr vier Halbwertszeiten erforderlich sind, bis sich im Körper ein Gleichgewicht zwischen Dosis und Elimination eingestellt hat. Deshalb sollte nach einer Dosis-Anpaßung bis zur nächsten Messung der Plasmakonzentration mindestens dieses Intervall abgewartet werden. In der Praxis bedeutet dies für: Chinidin 1 d, Theophyllin 1-2 d, Carbamazepin 3 d, Phenobarbital 10 d, Diphenylhydantoin 15 d, Lithium 8 d, Digoxin 8 d.

Arbeitsorganisation: Im Prinzip soll sich die Arbeitsorganisation im Laboratorium den klinischen Bedürfnissen anpassen; aus dem imperativen Gebot einer wirtschaftlichen Betriebsführung indessen ergeben sich ebenfalls zeitliche Präferenzen für die Specimenentnahme: Eine optimale Arbeitsorganisation ist z. B. im Krankenhauslaboratorium dann möglich, wenn das Gros der Specimen bis 0900 verfügbar ist. Zudem ist zu beachten, daß Spezialbestimmungen (z. B. bestimmte Hormone) oft nur an bestimmten Wochentagen durchgeführt werden.

2 Desinfektion des Entnahmeorts

Iodhaltige Produkte (auch Tinkturen) kontaminieren Specimen, in denen Iod oder iodhaltige Metabolite bestimmt werden sollen. Zusätzlich gilt es zu beachten, daß sie Hämolyse verursachen, sowiezu falsch-positiven Reaktionen beim Nachweis von okkultem Blut im Stuhl führen können.

Alkoholische Desinfektionsmittel müssen bei der Bestimmung von Ethanol im Blut vermieden werden.

Peressigsäure verursacht bei der Glucose-Bestimmung mittels Glucoseoxidase und Clark-Elektrode falsch-hohe Resultate [254a].

Besonders heikel in bezug auf Kontamination, vor allem durch den Daumen der Entnahmeperson, sind *Blutkulturen.* Ein Vergleich ergab zwei- bis dreimal mehr positive Blutkulturen bei nachlässiger Entnahme gegenüber gleichzeitiger Entnahme bei derselben Versuchsperson unter streng sterilen Kautelen. Es liessen sich vor allem Erreger wie Staph. epidermidis und aureus, Corynebakterien, Mikrokokken und Sporenbildner züchten [174].

3 Blut

3.1 Behälter und Menge

Entnahmeröhrchen: Als Material wird Glas oder Kunststoff verwendet. Für Gerinnungsanalysen muß Glas silikonisiert sein, um eine Aktivierung der Gerinnung zu vermeiden. Kunststoffmaterial für Blutgasanalysen muß gasdicht sein. Gesamthaft nimmt der Gebrauch von Kunststoff zu, weil Plastikröhrchen weitaus bruchsicherer sind als Glasröhrchen. Normierungsvorschläge [240] beziehen sich auf Dimensionen, die zu ertragenden Zentrifugationsbedingungen, Maximalkonzentration an

Tabelle 4.1. Specimenbehälter und Konservierungsmittel

Zusatz [152]	Verwendung für	Einschränkungen	Bemerkungen	Farbcode (NCCLS)
∅	Chemie (inkl. Hormone) Immunhämatologie Immunologie Serologie	Spurenelemente (z.B. Fe, Cu, Zn): Spez. Röhrchen	Vollständige Gerinnung abwarten (ca. 30 min)	rot
Ammonium-heparinat 10–30 USP U/mL Blut	Blutgasanalyse Chemie HLA-Typisierung TDM	Elektrophorese, Harnstoff, NH_3,	Unterschiede Serum/ Plasma (Kapitel 5)	grün
K_2-EDTA 1,5–2,2 mg/mL Blut	Hämatologie	Chemie	verändert Zellmorphologie bei Neugeborenen. aggregiert gelegentlich Thrombozyten (Folge: falsch-tiefe Resultate). beeinflußt Thrombozytenvolumen [190] günstig für Lipidanalytik	lila
Na-Fluorid 2,5 mg/mL Blut (evtl. plus K-Oxalat 2,0 mg/ mL Blut)	Glucose, Lactat, Pyruvat	Chemie	Austritt intrazellulärer Komponenten	grau
Na-Citrat 129 mmol/L	Gerinnung	Chemie	Verhältnis 1 + 9	hellblau
Na-Citrat 129 mmol/L	Blutsenkungsreaktion		Verhältnis 1 + 4	schwarz

Kontaminanten, Sterilität, Additive und Stopfenfarbe. Tabelle 4.1 faßt einige praktisch wesentliche Aspekte zusammen. Spezielle Kautelen für weiterführende Gerinnungs- bzw. für toxikologische Untersuchungen können entsprechenden NCCLS-Dokumenten entnommen werden [105, 295]. Für die Bestimmung von Cytokinen (z. B. tumor necrosis factor, Interleukin 6) müssen die Röhrchen endotoxinfrei sein [252].

Additive: Ein Unterschied zwischen der Messung im Serum und im Plasma ist für Kalium, Phosphat und LDH (werden bei der Gerinnung freigesetzt) sowie Protein (Fibrinogen fehlt im Serum) gesichert [72, 274]. Bei der Bestimmung der GGT werden im Plasma niedrigere Aktivitäten gemessen, weil Heparin mit dem Substrat einen Komplex bildet, so daß die Reaktion verlangsamt wird (kann mittels Substratstart umgangen werden). Zur Serumgewinnung werden häufig Thrombin (2 U/Röhrchen) oder Quarzpartikel zwecks Beschleunigung der Gerinnung zugegeben. Heparin ist ein physiologisches Polysaccharid (M_r 6000–30000), das hauptsächlich als Antithrombin wirkt. Als Kation kann ohne Einschränkungen neben Ammonium auch Natrium verwendet werden (verfälscht die Na-Bestimmung um maximal 0,5 mmol/L); Lithium dagegen verfälscht die Bestimmung von niedrigen Lithiumspiegeln signifikant. Ob als nahezu generelles Specimen im chemischen Laboratorium Serum oder Heparinatplasma vorzuziehen sei, ist wohl eine Ermessensfrage. Natriumheparinat wird in Kombination mit Iodazetat (hemmt Glykolyse nach der Aldolase) vermehrt auch für die Glucosebestimmung eingesetzt. Der am häufigsten verwendete Glykolysehemmer ist Natriumfluorid. Ein gehemmter Abbau der Glucose ist die Voraussetzung für korrekte Blutzucker-Resultate. Die übliche Konzentration von 2 mg/mL ist indessen ungenügend [50], insbesondere bei Neugeborenen [192]; mehr Fluorid (z. B. 6 mg/mL) wäre wirksamer, würde aber Hämolyse verursachen. Der Grund für die relativ schlechte Glykolysehemmung liegt darin, daß Fluorid die Enolase hemmt, welche den zweitletzten Schritt der Glykolyse katalysiert, so daß vorher unter Anhäufung von Zwischenprodukten viel Glucose abgebaut werden kann. Eine Verbesserung liesse sich durch Zusatz von 2 mg Mannose pro ml erreichen [191], welche kompetitiv hemmt. Voraussetzung ist ein hochreines Produkt, frei von Glucose. Ethylendiamintetraessigsäure (EDTA), vermutlich am günstigsten als Dikaliumsalz, wenn auch keine weltweite Standardisierung vorliegt [170]), komplexiert ionisiertes Calcium und entzieht dieses damit dem Gerinnungsprozeß. Es eignet sich hervorragend für die Herstellung von Blutausstrichen, weniger freilich beim Einsatz moderner hämatologischer Analysatoren [251]. EDTA-abhängige Antikörper können zur Agglutination von Leukozyten und/oder Thrombozyten und damit zu Pseudoleukopenie bzw. Pseudothrombopenie führen [137, 275, 302b]. Aufklärung mittels Citratblut. Citrat (als Natriumsalz) bindet ebenfalls Calcium und gilt als bestes Antikoagulans für Gerinnungsuntersuchungen. Eine Hemmung der Plättchenaggregation in vitro und bei der Fibrinolyse wird damit freilich nicht erreicht; dafür müssen allenfalls spezifische weitere Additive vorgelegt werden [224]. Hirudin, gentechnisch hergestellt, wirkt ohne Plasma-Cofaktor und verspricht viel als antithrombotisches Arzneimittel [311] wie auch als – universelles? – Antikoagulans im Laboratorium [78].

Specimenmenge: Dazu können kaum generelle Angaben gemacht werden; diese Größe ist von der jeweiligen Geräteausrüstung und Arbeitsorganisation des Laboratoriums abhängig. Einzelne Auftragsformulare geben dazu Hinweise. In der Klinik gilt es einerseits, eine pauschal großzügige Blutentnahme und damit Anämie und Retikulozytenanstieg beim Patienten zu vermeiden. Zu diesem Zweck werden die generelle Verwendung kleinerer Röhrchen, die Zusammenfassung von Laboratoriumsuntersuchungen sowie ein Monitoring des diagnostischen Blutverlustes einzelner Patienten vorgeschlagen [298]. Andererseits darf nicht übersehen werden, daß das Laboratorium bei aller Mikrolitertechnik hantierbare Materialmengen benötigt. Das sind in der Regel in der Hämatologie und Gerinnungsanalytik je 4 ml Blut pro Patient, in der Immunhämatologie 10 ml pro Patient, in der klinischen Chemie ca. 7

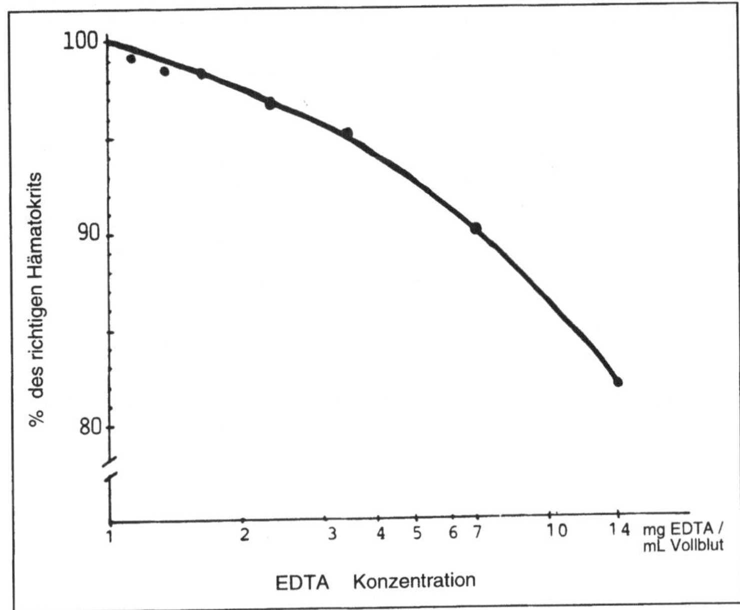

Abb. 4.1. Einfluß der EDTA-Konzentration auf den Hämatokrit

ml pro 10 Meßgrößen. Selbstverständlich sind die verwendeten Röhrchen korrekt zu füllen; überfüllte Röhrchen können nicht richtig gemischt werden (Folge davon z. B. Pseudopolycythämie, Pseudothrombocytopenie, Pseudoleukopenie [241]), in ungenügend gefüllten stimmen die Konzentrationen von Additiven nicht (Toleranz ca. 10 %, Abb. 4. 1).

3.2 Venenblut [296]

Venenblut ist in der Regel das Specimen der Wahl. Über weitere Specimensorten und ihre Eignung orientiert Tabelle 4.2.

Entnahmestelle: In der Regel eine Kubitalvene der Ellenbogenbeuge, allenfalls eine andere oberflächliche Vene des Unterarms oder des Handrückens. Bei Neugeborenen wird primär eine dorsale Handvene empfohlen [53].

Vorgehen
– Bestimmmen der Einstichstelle; man wählt eine gut gefüllte Vene. Bei gleichzeitiger intravenöser Infusion den freien Arm wählen.
– Anlegen der Staubinde; die Stauung (30–50 mm Hg) wird handbreit herzwärts der vorgesehenen Einstichstelle angelegt.
– Puls fühlen: Der Puls muß noch tastbar sein. Eine zu stark angelegte Stauung behindert den arteriellen Zufluß und kann Laborwerte verändern und/oder eine Hämolyse verursachen.

Tabelle 4.2. Einschränkungen in der Verwendung von Specimen

Specimen	Verwendung	Einschränkungen
Kapilläres Citratplasma	Gerinnung	vermeiden, stets mit Gewebesaft kontaminiert
Kapilläres Heparinatplasma	Blutgasanalyse	nur nach Hyperämisierung, entspricht dann arteriellem Blut
Venöses Heparinatplasma	Blutgasanalyse	nur für metabolische Parameter (HCO_3, Basenabweichung)
Venöses/kapilläres Oxalatplasma	Glucosebestimmung	Werte venös um 0-2,5 mmol/l, tiefer, abhängig vom Stoffwechselzustand
Vollblut/Serum	Glucosebestimmung	Werte im Vollblut ca. 12% höher (Wassergehalt von Serum: 93%, von Vollblut: 81%)
Serum/Plasma	Kaliumbestimmung	Freisetzung bei der Gerinnung aus Erythrozyten bzw. Thrombozyten: Werte im Serum höher

- Die Vene wird ein letztes Mal betastet und desinfiziert. Von jetzt an darf diese Stelle nicht mehr berührt werden.
- Entfernen der Schutzhülse über der Kanüle.
- Einstich unter ca. 30°; die Haut wird gegen die Stichrichtung gespannt. Die Schliffseite der Kanüle ist nach oben zu richten. Nicht vergessen: Kurz vor dem Einstich sollte der Patient darauf aufmerksam gemacht werden.
- Sobald Blut fließt, möglichst Öffnen der Stauung.
- Sobald das gewünschte Blutvolumen erreicht ist, Tupfer unmittelbar oberhalb der Einstichstelle auf die Vene preßen und die Kanüle rasch zurückziehen.
- Anbringen eines Schnellverbandes.
- Röhrchen, die ein Antikoagulans enthalten, müssen sofort mehrmals sorgfältig gekippt werden. Bei flüssigen Zusätzen Mischverhältnis einhalten.

Bei Schwierigkeiten
- Wenn nach dem Einstich kein Blut aspiriert werden kann, versucht man, die Kanüle ein wenig zu verschieben. Oft genügt es, den Winkel nur leicht zu verändern.
- Nach zweimaligem Scheitern sollte eine erfahrene Person zugezogen werden, welche dann die Punktion vornimmt.

Entnahmematerial [294]
Am häufigsten werden heute zur Entnahme von Venenblut vorevakuierte Gefäße (z. B. Vacutainer®, Venojet®, Monovette®, vgl. Abb. 4.2) eingesetzt. Sie können neben chemischen Zusätzen auch Separatoren zur Abtrennung von Plasma bei der Zentrifugation enthalten. Generell müssen die Specimengefäße steril (wegen partiellem Blutrückfluß) und sauber sein (insbesondere keine Kontamination mit Desinfektionsmitteln). Kanülen, Röhrchen, Trenngel etc. dürfen die Untersuchungsresultate nicht beeinflussen [331, 358]. Besonders elegant im Hinblick auf den Gesamtablauf

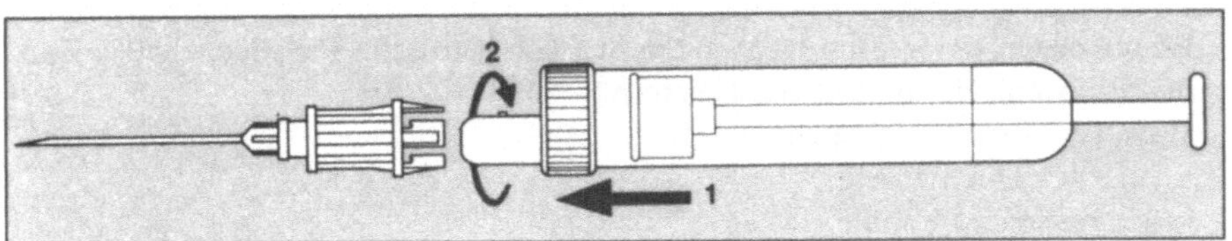

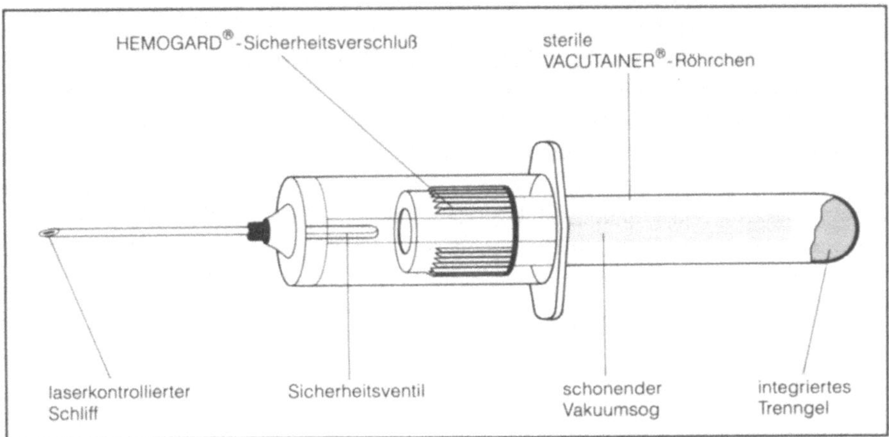

Abb. 4.2. Venenblutentnahme: oben Monovette® nach dem Saugkolbenprinzip (Bajonettarretierung gemäß 1,2), unten Vacutainer®.

sind solche Röhrchen, die als Primärgefäße direkt in die Analysatoren eingesetzt werden können.

Die gelegentlich kolportierte Auffassung, daß weiterlumige Kanülen besser geeignet seien, Hämolyse zu vermeiden, konnte nicht bestätigt werden [218]. Dagegen ist es durchaus empfehlenswert, für hämatologische Untersuchungen Blut ohne EDTA zu entnehmen und am Patientenbett sofort auszustreichen [63].

Entnahmereihenfolge [296]

Die empfohlene Reihenfolge ist **Blutkulturen**, dann **Nativblut**, dann **Citratblut**, dann **Heparinatblut**, dann **EDTA-Blut**, dann **Fluoridblut**. Das Gerinnungsröhrchen sollte nie am Anfang stehen, weil das erste Röhrchen zwangsläufig mit Gewebssaft kontaminiert ist [105]. Röhrchen mit Additiven kommen nach Nativröhrchen, um Kontamination zu verhindern. Der Einfluß von Kreuzkontamination unter Additiven ist bei der beschriebenen Reihenfolge am geringsten.

Fehlerquellen

– „Pumpen" mit der Faust führt zu einem beträchtlichen Kalium-Anstieg und ist deshalb zu vermeiden.
– lange Stauung (> 30 s) verursacht Hämokonzentration und ergibt falsch-hohe Werte von Serumproteinen, Zellzahlen usw. (wie Orthostase [155]). Das Ausmaß der

Hämokonzentration nach 10 Minuten Stauung betrug für Proteine, Lipide, Enzyme, Bilirubin, Eisen 20 %, für Calcium 8 % [51].
– Hämolyse vermeiden durch:
  • angemessene Stauung
  • scharfe (neue) Kanüle
  • sanftes Aufziehen
  • Vermeiden starken Schüttelns
  • Verwendung von trockenen Spritzen bzw. Einmalartikeln
– Blutentnahme aus einem intravenösen Katheter ergibt häufig eine Kontamination des Specimens mit exogenem Heparin [176] und damit falsche Gerinnungsresultate. In der klinischen Chemie ist nicht nur dann mit Fehlern zu rechnen, wenn der zu bestimmende Parameter in der Infusion enthalten ist (Beispiel Kalium), sondern auch mit Verdünnungseffekten in bezug auf andere Parameter [334].
– Blutentnahme proximal eines liegenden Katheters kann auch mehrere Minuten nach dessen Unterbrechung falsch-hohe Werte bei solchen Meßgrößen verursachen, welche in der Infusion enthalten sind [250].

Fallbeispiel: venöse Blutentnahme				
Datum	26.1.	27.1.	28.1.	Die Resultate am 27.1. wurden im Laboratorium als unplausibel interpretiert. Eine erneute Blutentnahme am nächsten Tag ergab ein unauffälliges Resultat für die Glucosebestimmung. Der Anstieg der Glucose und der scheinbare Abfall der Elektrolyte am Vortag konnte auf eine Blutentnahme bei laufender Infusion aus demselben Arm zurückgeführt werden.
Zeit	0744	0759	0749	
Natrium (mmol/L)	140	128		
Kalium (mmol/L)	4,57	4,25		
Glucose (mmol/L)	5,2	20,0	5,5	

Die *Qualität* der Venenblutentnahme wurde kürzlich in den USA an einer Stichprobe von 29700 Patienten mittels Fragebogen abgeklärt [146]. Die Zufriedenheit betrug 98,6 %.

3.3 Hautblut („Kapillarblut") [36]

Die Gewinnung von Hautblut kann indiziert sein bei Früh- und Neugeborenen sowie Säuglingen, bei denen die Venenpunktion schwierig, die tiefer Venen potentiell gefährlich sein kann. Weitere Indikationen bestehen im Bereich der Selbstkontrolle, bei Verbrennungen, extrem adipösen Patienten, geriatrischen Patienten mit schlecht zugänglichen oder leicht platzenden oberflächlichen Venen etc. Die Hautblutentnahme ist zurückhaltend einzusetzen, da für viele Meßgrößen Referenzintervalle fehlen und die Datenlage über Infektions- und Verletzungshäufigkeit ungenügend ist. Keinesfalls sollte Venenblut generell oder willkürlich durch Hautblut substituiert werden [286].

Entnahmestelle
Seitlich an der Fingerkuppe (in der Regel des Ringfingers). Ohrläppchen (unempfindlich, aber schlecht durchblutet), bei Neugeborenen ausschließlich Fersenkante.

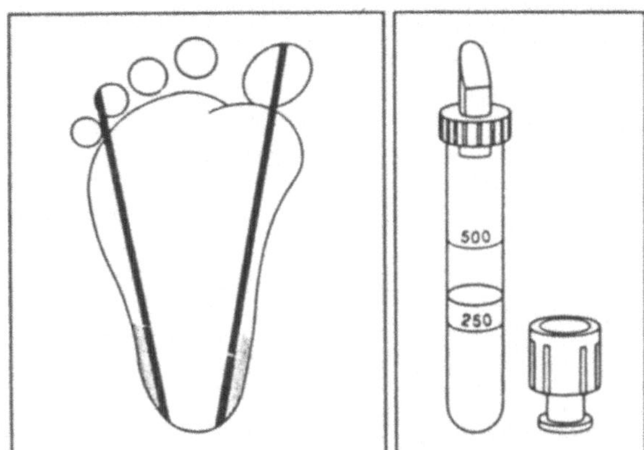

Abb. 4.3. Empfohlene Punktionsstellen beim Neugeborenen (gerastert) zur Vermeidung von Calcaneus-Verletzungen.
Rechts Microtainer®

Vorgehen
- Die Einstichstelle muß gut durchblutet sein.
- Desinfektion mit 2-Propanol 70 %. Punktionsstelle mit sterilem Tupfer trocknen.
- Durch Druck Haut anspannen, dann kurzer, tiefer Einstich; Einstichtiefe je nach Beschaffenheit der Haut „dosieren".
- Den ersten Tropfen Blut wegwischen (enthält Gewebesaft).
- Blutentnahme in die entsprechenden Gefäße. Das Blut muß ohne starkes Quetschen von selbst fließen und große Tropfen bilden. Wird Blut führ mehrere Proben verwendet, muß die Entnahmestelle nach jeder Entnahme gut gereinigt werden (Entfernen von Gerinnseln).
- Mit Tupfer Haut reinigen, eventuell Blutstillung durch Kompression mit Tupfer, Einstichstelle mit Schnellverband abdecken.

Vorgehen bei Neugeborenen
- Entnahmestelle: mediale Fersenkante ([9], Abb. 4.3).
- Einstichtiefe nicht > 2,4 mm. Ein entsprechendes Gerät ist als Tenderfoot® im Handel [38]. Meites [205] empfiehlt neuerdings sogar lediglich 1,8 mm Einstichtiefe mit einer speziellen Lanzette.
- Für Blutgasanalyse und hämatologische Untersuchungen Fuß mit 39 °C warmem feuchtem Flanelltuch 3 min vorwärmen. Für Blutgasanalysen wird auch die Anwendung hyperämisierender Salben (Mydalgan-Balsam, weniger hautreizend als die früher übliche Finalgon-Creme) empfohlen, um arterialisiertes Hautblut zu gewinnen, dessen Zusammensetzung in vielen Fällen dem arteriellen Blut nahekommt

Material [343]
Aus der Fülle der im Handel verfügbaren Kapillaren etc. sei als neueres Beispiel das Microtainer®-System (Becton-Dickinson) erwähnt. Besondere Aspekte sind für die Blutgasanalyse zu beachten [75]. Bei Blutentnahme auf Filterpapier ist ausschließlich das Material aus dem Entnahmekit zu verwenden.

Tabelle 4.3. Relation der Leukozytenwerte im Venen-, Ohrläppchen- und Fingerbeerenblut (207)

	1. Tropfen	5. Tropfen
Vene	100%	
Ohrläppchen	122–148 %	103–123 %
Fingerbeere	102–109 %	100–102%

Fehlerquellen
- Im Hautblut liegt eine Zellanschoppung vor, die physiologisch ca. 10 % beträgt und im Schock bis zu 50 % ausmachen kann (Tabelle 4.3). Insbesondere bei Unterlassung der Hyperämisierung kann es zu einer selektiven Leukozyten-, speziell Monozytenanreicherung kommen.
- Thrombozytenzahlen sind im Hautblut niedriger, Erythrozytenzahlen und Hämatokrit höher [62].
- Die wichtigsten klinisch-chemischen Differenzen sind: Glukose ist im Kapillarblut höher, Kalium, Proteine und Calcium dagegen niedriger als in Venenblut. Ueber den generellen Einsatz von Hautblut bei Neugeborenen orientiert Tabelle 4.4.
- Lanzetten für Fersenblutentnahme dürfen keinesfalls für die Fingerblutentnahme bei Säuglingen eingesetzt werden, weil der Knochen am distalen Fingerglied lediglich 1,5 mm oder weniger unter der Hautoberfläche liegt.
- Bei Blutentnahme auf Filterpapier soll der Kreis auf einmal gefüllt werden [128].
- Ein besonderer Fall von Kontamination wurde bei einem zweieinhalbjährigen Kind beobachtet, das vermutlich Lanoxintabletten verschluckt hatte [259]. Im Kapillarserum wurde eine Digoxinkonzentration von 8,9 nmol/L gemessen. Dieser Wert stellte sich als Kontamination heraus, herrührend vom Spielen mit den Tabletten; in einer Venenblutprobe war kein Digoxin nachweisbar.

Tabelle 4.4. Bestimmbarkeit von Meßgrößen aus Kapillarblut bei Neugeborenen (aus [71a])

empfohlene Meßgrößen		**unsichere** Meßgrößen
kapillär/venöse Differenz		(von Kapillarblutunter-
annähernd keine	ca. 5 %	suchungen abzuraten)
Aminosäuren	Blutbild	LDH
Ammoniak	Enzyme	Kalium
Na, Mg, Cl	Proteine	Gerinnungsparameter
Harnstoff	Calcium	Thrombozyten
Kreatinin	Bilirubin	
Stoffwechselscreeningtests	Cholesterol, Triglyceride	
	Blutzucker	
Blutgasanalyse (Differenz > 5 %)		

3.4 Arterielles Blut [35]

Arterielle Blutproben werden vor allem in der Blutgasanalyse eingesetzt [75]. Auch in diesem Bereich werden durch die Industrie außerordentlich zweckmäßige Mikrosampler angeboten (z. B. AVL, Radiometer). Sie werden in jenen Fällen eingesetzt, wo arterialisiertes Hautblut für die Blutgasanalyse nicht genügt:

- Schockzustände mit zentralisiertem Kreislauf
- rechtsventrikuläre Dekompensation mit erhöhtem Venendruck
- höchste Ansprüche an die Richtigkeit der pO_2-Werte.

Die Sampler verfügen über Kanülen mit einem Durchmesser von ca. 0,5 mm und weisen ein Probenvolumen von < 1 ml auf. Die Punktion erfolgt in der Regel senkrecht zur Hautoberfläche an den Arteriae radialis, brachialis oder femoralis. Lokalanästhesie und Kompressionsverband sind nicht erforderlich. – Werden Spritzen verwendet, müssen sie eine Austrittsmöglichkeit für die Totraumluft aufweisen. Glasspritzen sind zu bevorzugen, weil sich Gase in Kunststoffen lösen. Luftblasen sind peinlich zu vermeiden: eine Luftblase mit einem Volumenanteil von 1 % der Probe kann eine Erhöhung des pO_2-Wertes um 15 % verursachen!

Besonders elegant ist nach unseren Erfahrungen die arterielle *„Mikro-Entnahmetechnik"* [280a]. Dabei wird die Arteria radialis mit einer Mantoux-Nadel senkrecht zur Hautoberfläche punktiert und das Blut mit einer fest mit der Nadel verbundenen Glaskapillare aufgefangen. Lokalanästhesie und Kompressionsverband sind überflüssig.

Neue Probleme sind dort entstanden, wo gleichzeitig mittels ionensensitiver Elektroden Elektrolyte, insbesondere Ca^{++}, bestimmt werden sollen [27]. Optimale Resultate werden mit Heparin erzielt, das eine physiologische, „balancierte" Zusammensetzung von Elektrolyten enthält [317]. Trockenheparin ist besser als Flüssigheparin; Verdünnungsfehler betreffen hauptsächlich pCO_2 und Hydrogencarbonat, noch mehr Calcium und Natrium, welche nur in der Plasma-Phase vorliegen, kaum indessen pH und pO_2. Bei Blutentnahme aus einem kürzlich gelegten arteriellen Katheter mit Benzalkonium-Heparinat-Imprägnierung muß bei Messung mit ionensensitiven Elektroden mit falsch-erhöhten Natriumwerten gerechnet werden.

Es hat nicht an Versuchen gefehlt, mittels Erwärmung der Entnahmestelle venöses Blut zu „arterialisieren", und ingeniöse Hilfsmittel sind dazu beschrieben worden. Befriedigende Resultate werden z. B. für Glucose berichtet, während z. B. für pO_2 konsistente Differenzen bestehen [90].

3.5 Synopsis der Blutentnahme

Ein Teil der geschilderten Einflußgrößen ist beeinflußbar [111]; dies macht sie zum Gegenstand von Standardisierungsbestrebungen. Analog können auch einzelne Störfaktoren durch Standardisierung der präanalytischen Teilschritte verringert werden.

Faßt man die hier diskutierten Kriterien sowie weitere Aspekte [110] zusammen, ergeben sich folgende generelle Richtlinien zur Blutentnahme unter Standardbedingungen (Tabelle 4.5); für einzelne Meßgrößen ist die Standardisierung weiter zu spezifizieren. Ausführlichere Informationen können dem reich illustrierten Buch von Slockbower und Blumenfeld [297] entnommen werden. Wünschenswert wäre es, wenn das verwendete Material noch besser den Bedürfnissen angepaßt und zu einem integrierten System von Blutentnahme, Transport, Aufbewahrung, Vorverarbeitung und Volumenmessung weiterentwickelt würde [56].

In Notfällen und insbesondere auch bei ambulanten Patienten ist eine angemessene Beachtung der skizzierten Einflußgrößen und Störfaktoren meist schlecht oder nicht möglich. Immerhin sollte der ambulante Patient entsprechend informiert werden (Abb. 4.4), um sein Verhalten in den wesentlichsten Punkten günstig zu beeinflussen. Mindestens bei stationären Patienten sollten Blutentnahmen aber den beschriebenen Kautelen entsprechen; bei neu eingetretenen Patienten – insbesondere nach Eintritt am Nachmittag – sollte die erste Blutentnahme erst am nächsten Morgen verordnet werden.

Abb. 4.4. Anweisung für ambulante Patienten (Maria-Hospital, Helsinki).

Tabelle 4.5. Blutentnahme unter Standardbedingungen

 1. Zeitlich zwischen 7.00 und 9.00 Uhr
 2. In der Regel nüchtern
 3. Keine erschöpfende körperliche Aktivität in den letzten 3 d
 4. Nach 25 min Liegen
 5. Keine kürzlichen Alkohol-Exzesse
 6. Nach Absetzen von Arzneimitteln oder wenigstens deren anamnestischer Erfassung
 7. Bei normaler Raumtemperatur
 8. Aus der Vene
 9. Öffnen und Schließen der Faust vermeiden
10. Zum Einstechen der Kanüle max. 30 s stauen, Stauung lösen, Blut entnehmen

4 Urin [199]

Über die Möglichkeit der Urinsammlung und Eignung der Specimen zu Laboruntersuchungen orientiert Abbildung 4.5.

Mittelstrahlurin: Dessen korrekte Gewinnung wird durch informierte Mitarbeit des Patienten erleichtert. Ein entsprechende Anweisung für den Patienten ist in Tabelle 4.6 wiedergegeben.

Katheterisierung für diagnostische Zwecke wird wegen Infektionsgefahr nicht empfohlen [173]; Indikationen bestehen allenfalls bei Phimose, für ohnmächtige Patienten oder solche, die eine Kollaboration verweigern. Liegt ein Dauerkatheter, ist dieser an einer Stelle mit 2-Propanol 70 % zu reinigen und daraus mittels einer Spritze Urin zu entnehmen. Urin von Drainagesystemen darf nicht für mikrobiologische Diagnostik verwendet werden, da er – ebenso wie Dauerkatheterspitzen – falsch-hohe Keimzahlen vortäuscht.

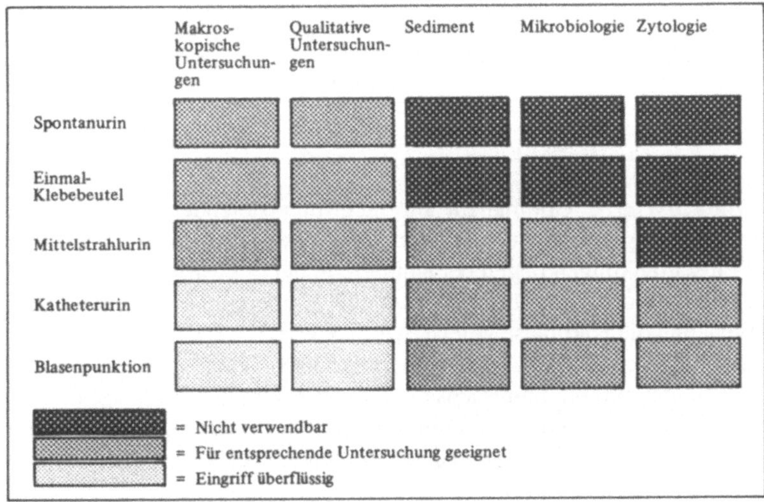

Abb. 4.5. Urinuntersuchung: Specimensorten und Eignung für Laboruntersuchungen

Tabelle 4.6. Mittelstrahlurin: Anweisung für Patienten

Lesen Sie diese Instruktionen vor dem Wasserlassen! Fragen Sie, wenn Sie etwas nicht verstehen.

1. 2 Gläser Wasser oder Tee 30 min vor dem Wasserlassen trinken
2. Hände mit Seife waschen und mit Einmalhandtuch trocknen.
3. Sammelbehälter öffnen, dessen Deckel mit Innenseite nach oben ablegen, ohne die Innenseite zu berühren. (Fällt der Behälter auf den Boden oder wurde die Innenseite berührt, lassen Sie sich einen neuen geben!)

Männer	*Frauen*
4. Mit gespreizten Beinen über der Toilette stehen	4. Rittlings auf die Toilette sitzen.
5. Vorhaut über die Eichel zurückstreifen.	5. Beine möglichst weit spreizen. Diese Stellung wird bis zur Beendigung des Sammelns beibehalten. Mit der linken Hand die Schamlippen spreizen. Diese während der ganzen Sammelperiode gespreizt halten.
6. Die Eichel mit einem seifengetränkten Tupfer ausgiebig waschen, danach mit einem feuchten Tuch ohne Seife nachwaschen.	6. Den Harnröhreneingang 2 mal mit jeweils einem der vorbereiteten seifengetränkten Tupfer langsam von vorn hinten (je Tupfer nur einmal diese Bewegung) waschen.
7. Harnröhrenöffnung mit einem seifengetränkten Tupfer und anschliessend mit einem feuchten Tupfer ohne Seife in einer Bewegung säubern. Nicht abtrocknen! Gebrauchte Tupfer in die Toilette fallen lassen!	7. Den Harnröhreneingang 2 mal mit jeweils einem der vorbereiteten Tupfer ohne Seife langsam von vorn nach hinten waschen. Nicht abtrocknen! Gebrauchte Tupfer in die Toilette fallen lassen.

8. Lassen Sie eine kleine Urinmenge, welche die Harnröhre reinigt, in die Toilette fließen. Harnstrahl stoppen!
9. Lassen Sie jetzt den weiteren Harnstrahl in den Sammelbehälter fließen. (Außen anfassen, die Behälteröffnung nicht mit dem Körper berühren)!
10. Deckel auf Sammelbehälter.

Punktionsurin: Optimal für alle nicht-bilanzierenden Untersuchungen ist Urin, der mittels suprapubischer Blasenpunktion gewonnen wurde, insbesondere bei Frauen. Einschränkungen liegen bei Kindern, in der Schwangerschaft und bei gynäkologischen Tumoren vor. In bezug auf die Vorbereitung des Patienten ist dafür zu sorgen, daß die Harnblase voll ist, weshalb er 1,5–2 L Flüssigkeit zu sich zu nehmen hat. Sobald sich ein Harndrang bemerkbar macht, kann – nach mehrmaliger Drehung des Patienten um die Längsachse – punktiert werden.

24-h-Urin: Eine korrekte Sammlung [339] erfordert insbesondere bei gehfähigen oder gar ambulanten Patienten eine peinlich genaue Information:

– Während der Sammlung mindestens 1,5–2 L Flüssigkeit zu sich nehmen.
– Am Morgen Blase in die Toilette entleeren und Uhrzeit notieren.

– Jeden Urin im Verlauf des Tages und der folgenden Nacht ins Sammelgefäß ablassen.
– Am nächsten Morgen zur gleichen Zeit wie am Vortag Blase ins Sammelgefäß
  entleeren.
– Urin gut mischen.

Wichtiger als die möglichst genaue Einhaltung von 24 Stunden ist in der Praxis die
exakte Erfassung der Sammeldauer, sofern nicht die Tagesrhythmik genau 24 Stunden erfordert. Bei älteren Patienten wird die Urinsammlung gelegentlich durch
gleichzeitige Defäkation gestört; war die Sammelperiode bis zu diesem Zeitpunkt
länger als 18 h, kann die Bestimmung in der Regel in diesem Specimen durchgeführt
werden. Die intra- und interindividualen Streuungen sind beträchtlich und übersteig-
en die analytische Unpräzision meistens bei weitem [288]. Begrenzend auf die
Gesamtpräzision ist mitunter auch die Volumenmessung: Sie ist auf 1 % des Ge-
samtvolumens genau auszuführen. Bei einem Volumen von 1200 mL ist lediglich
eine Ungenauigkeit von ± 10 mL erlaubt! Wie jeder Praktiker weiß, ist diese Forderung utopisch; durch Vorlage einer abgemessenen Menge an Lithium im Sammelgefäß läßt sich die ursprüngliche Gesamtmenge auch in einem Aliquot im Laboratorium errechnen [265a]. Eleganter ist anstelle der Volumenmessung eine Gewichts-
bestimmung und deren Korrektur mit der relativen Dichte.

12-h-Urin (Nachturin) oder Morgenurin reflektiert in vielen Fällen (Natrium,
Kalium, Chlorid, Calcium, Phosphat, Protein) die Ausscheidung bei stationären
Patienten ausreichend genau, besonders wenn die Ungenauigkeit der 24-h-Samm-
lung in Betracht gezogen wird [130]. Dagegen ist für Kreatinin, Harnstoff und
Harnsäure und bei ambulanten Patienten die 24-h-Sammlung weiterhin erforderlich
[167]. Für die Bestimmung von „Mikro"-Albumin ist Nachturin zumindest für ambulante Patienten gar vorzuziehen, weil körperliche Aktivität oft zu geringfügig
erhöhten Befunden ohne Krankheitswert führt.

Als *Spontanurin* wird optimal der zweite Morgenurin eingesetzt. Zur Gewinnung
von Spontanurin bei Neugeborenen und Säuglingen wird empfohlen [34], eine
Stunde nach der Nahrungsaufnahme mit zwei Fingern ungefähr im Sekundentakt
unmittelbar oberhalb der Symphyse auf den bloßen Bauch zu klopfen. Nach einer
Minute soll die Prozedur für eine weitere Minute unterbrochen und derart bis zum
Wasserlösen fortgesetzt werden. Der Urin wird wie üblich in einem sterilen Becher
aufgefangen. Bakteriologische Untersuchungen können auch in Urin durchgeführt
werden, der durch Auspressen von Wegwerfwindeln gewonnen worden war (Kautelen: binnen 4 h, Windeln ohne zusätzliche Saugmaterialien, Auspressen in 20-mL-
Spritze [5]). Zellzahlen waren bei dieser Art der Gewinnung reduziert, die untersuchten biochemischen Meßgrößen zeigten keine Veränderungen.

Material: Für die qualitative Urinanalyse geeignet – wenn auch nicht billig – ist
z. B. das UriSystem®. Es besteht aus:

– wegwerfbaren Bechern samt Etiketten
– graduierten Zentrifugenröhrchen mit einer kalibrierten „Sedimentfalle" von 400 µL
– einer Färbelösung in Tropfflasche
– einer Transferpipette
– einem Objektträger mit vier Feldern.

Für die Sammlung von 24-h-Urin werden rechteckige 2-L-Polyethylenflaschen empfohlen.

Vorsätzliche *Verfälschungen* kommen bei Drogennachweisen vor. Dabei versuchen Probanden durch Zugabe geeigneter Stoffe (engl. „adulterants") in ihre Specimen falsch-negative Resultate zu bewirken [124]. Vertauschen des Urins durch eine mitgebrachte Probe kann durch sofortige Temperaturmessung nachgewiesen werden. Besonders elegant sind Sammelgefäße mit eingelegtem Temperaturmeßstreifen. Verdünnung kann durch Messung der relativen Dichte, allenfalls der Kreatininkonzentration aufgedeckt werden, Ansäuern durch Messung des pH-Wertes. Hypochlorit in wirksamer Menge kann am Chlorgeruch erkannt werden. Flüssige Seife verursacht in der Regel wolkige Trübungen. Nicht nachweisbare Verfälschungen durch Augentropfen oder andere, noch unbekannte Substanzen können nur verhindert werden, wenn die gesamte Untersuchung in eine Verantwortungskette (engl. „chain of custody") eingebettet wird ([48], Tab. 4.7).

5 Stuhl

Zur Sammlung wurde kürzlich ein Toiletteneinsatz aus Papier beschrieben, der nach Gebrauch hinuntergespült werden kann [4]. Häufig werden Bettpfannen verwendet. Keinesfalls sollte ein Specimen aus der Toilette gefischt werden, weil durch Diffusion von Komponenten wie auch durch WC-Zusätze sowohl falsch-negative wie

Tabelle 4.7. Verantwortungskette, dokumentiert auf dem Auftragsformular. Drogenuntersuchungen im Urin (Auszug nach [48]).

Entnahme

Menge: ..... mL   Temperatur (binnen 4 min): ....°C

Farbe: ☐ klar   ☐ strohgelb   ☐ anders, nämlich ....

Besonderheiten Specimen/Patient: ....

Neue Gewinnung erforderlich, weil: ....

Verantwortlich	Unterschrift	Datum/Zeit
Entnahme	....	....
Annahme Labor		
Zustand: ☐ gut ☐ beschädigt	....	....
Nachweis	....	....
Befund	....	....
Specimen eingefroren	....	....
Specimen re-analysiert	....	....
Befund	....	....
Specimen vernichtet		
Grund: ☐ Test negativ ☐	....	....

falsch-positive Resultate bewirkt werden können. Für den Transport der Specimen werden in der Regel Polystyrol-Röhrchen mit Schraubkappe und Spatel verwendet.

Für die Untersuchung auf *Blut* im Stuhl sind allgemein Testbriefchen üblich; Durchfallstühle können falsch-negative Resultate ergeben (Verdünnung!): Ein Specimen muß ins Laboratorium gebracht und dort mit empfindlicheren Verfahren untersucht werden. Falsch-negative Resultate können auch dann eintreten, wenn Patienten nur winzige Farbspuren auftragen, die keine repräsentative Stuhlprobe darstellen [99]. Der Test ist während der Menstruation kontraindiziert.

Für den Nachweis von *Parasiten* existiert ein elegantes Einsenderöhrchen (Bio Separ®), das gleichzeitig für die Vorverarbeitung des Specimens geeignet ist. Für die Suche nach Oxyureneiern ist frühmorgens ein Cellophan-Streifen über die Afteröffnung zu kleben (Eiablage nachts). Für die Untersuchung auf lebende Darmprotozoen (Amöben) sind noch warme Stuhlproben erforderlich.

6 Sputum

Als Probenbehälter sind sterile Gefäße mit weiter Öffnung und gut schließendem Schraubdeckel zweckmäßig. Die Produktion von Sputum wird gefördert durch

– Inhalieren von 3–5 % NaCl (20–30 mL)
– kräftiges Perkutieren des Thorax auf der erkrankten Seite
– bronchoskopische Eingriffe am Tag der Sputumgewinnung
– Quincksche Hängelage und Rücken mit hohlen Händen abklopfen.

Die Patienten werden aufgefordert, nur aufgehustetes Material zu sammeln und die Beimengung von Speichel zu vermeiden. Muß *24-h-Sputum* gesammelt werden, ist dessen Volumen aus seiner Masse zu berechnen (Umrechnungsfaktor: 0,9858). Die Masse ergibt gegenüber dem Volumen genauere Meßwerte, da Schaum und Luftblasen nicht stören.

Keine Verarbeitung erfolgt von:

– mit Speiseresten kontaminierten Specimen
– Speichel
– Mengen < 1 mL

7 Liquor cerebrospinalis/Punktate

Bei der Gewinnung von Liquor können frühere Punktionen, die weniger als ca 1 Woche zurückliegen, Erhöhungen der Zellzahl um bis zu ca. 30×10^6/L stimulieren. Zudem können gewisse Röntgenkontrastmittel eine Erhöhung der Zellzahl verursachen. Die Entnahmemenge beträgt beim Erwachsenen maximal 20 mL; das Specimen wird zweckmäßigerweise bereits bei der Entnahme auf verschiedene Röhrchen (für Chemie, Serologie, Mikrobiologie sowie Mikroskopie) aufgeteilt. Bei Kindern und Neugeborenen ist eine minimale Menge von 1–2 mL in einem einzelnen sterilen Röhrchen zu entnehmen und zuerst mikrobiologisch zu untersuchen. Besonders große Probenmengen erfordern die Identifikation von Pilzen und Mykobakterien (5–10 mL) sowie der zytologische Nachweis von Tumorzellen (20 mL).

Transsudate und *Exsudate* werden für chemische, serologische und mikrobiologische Untersuchungen in ein steriles Röhrchen ohne jeden Zusatz entnommen. Insbesondere Exsudate gerinnen infolge ihres hohen Fibrinogengehalts leicht; für die Untersuchung der Zellmorphologie müssen sie in EDTA-Röhrchen entnommen werden.

8 Speichel

Speichel als Specimen bietet Vorteile für

- den Probanden (Belastung geringer, multiple Entnahmen möglich [keine Anämie], kein Infekt, keine Thrombose)
- das Personal (geringerer Qualifikationsgrad)
- die Analytik (keine Proteinbindung, keine Störung durch Lipide)

Der Transfer von Stoffen vom Blut in den Speichel ist abhängig von Molekülgröße, Lipidlöslichkeit, Ionisationsgrad und weiteren Faktoren. In manchen Fällen reflektiert die Speichelkonzentration recht gut die intrazelluläre Konzentration eine Meßgröße (z. B. Kalium, Caffein, Digoxin). Für andere Meßgrößen ist es wesentlich zu wissen, daß die Speichelkonzentration Aufschluß gibt über die Verhältnisse im arteriellen Schenkel (z. B. Ethanol). Manche Meßgrößen sind mehr oder weniger unanhängig vom Speichelfluß (z. B. Kalium, Caffein), während z. B. Natrium eine deutliche Abhängigkeit vom Speichelfluß aufweist. Die Bestimmung von Cortisol im Speichel ist ein Maß für die freie Hormonkonzentration [118]. Der Dexamethason-Test führt zu einem wesentlich deutlicheren Anstieg, Schwangerschaft und orale Antikoagulantien haben keinen Einfluß.

Die Bestimmung im Speichel ist besonders gut geeignet für Substanzen, welche durch Diffusion in den Speichel gelangen (z. B. unkonjugierte Steroide [Cortisol, Testosteron, Estriol, Progesteron], Insulin, Pharmaka, Ethanol). In diesen Bereichen liegt wohl ein erhebliches Potential vor, wobei freilich eine gegenüber Serum abweichende Pharmakokinetik zu beachten ist.

Bei der Gewinnung des Specimens ist grundsätzlich zwischen Drüsenspeichel und Mischspeichel zu unterscheiden. Für die Praxis kommt lediglich letzterer in Frage. Gewinnungsmethoden sind:

- ausfließen lassen
- spucken (Kinder erheblich ungehemmter als Erwachsene)
- absaugen (apparativ relativ aufwendig)
- aufsaugen, z.B. mittels Salivette® (für die Praxis wohl die gangbarste und reproduzierbarste Methode).

9 Ejakulat

Als Standardbedingungen für die Gewinnung des Ejakulats sind zu fordern [244]:

- 3 d sexuelle Abstinenz
- Gewinnung mittels Masturbation (nicht Coitus interruptus)
- Gewinnung im Laboratorium bzw. Krankenhaus selbst (kein Probentransport)
- sorgfältige Intimtoilette
- steriles Polystyrolröhrchen mit Schraubverschluß.

10 Weitere Untersuchungsmaterialien

Haar könnte als Integral über die letzten Monate ein interessantes Untersuchungsmaterial sein, insbesondere für die Bestimmung von Spurenelementen. Es hat indessen bisher noch keinen Eingang in die Praxis gefunden; dementsprechend liegen auch keine spezifischen präanalytischen Kautelen vor.

Die Gewinnung von *Tränen* erfolgt mit Kapillarpipetten, allenfalls nach Stimulation mit Formaldehyd.

Schweiß ist erforderlich für die Diagnosestellung der zystischen Fibrose. Die Stimulation der Sekretion erfolgt mit Pilocarpin, das mittels Iontophorese in die Haut eingebracht wird. Der Schweiß wird mit einer Kapillarpipette aufgesaugt oder in etwas Gaze aufgenommen.

Fruchtwasser zur Bestimmung der fetalen Lungenreife wird optimal mittels Amniozentese gewonnen.

Die Untersuchung der *Ausatmungsluft* hat bisher hauptsächlich gerichtsmedizinisches Interesse gefunden. In der Laboratoriumsmedizin werden Anordnungen zur Adsorption ausgeatmeter Substanzen an Aktivkohle lediglich zu Forschungszwekken eingesetzt.

11 Kriterien bei mikrobiologischen Fragestellungen

Specimengewinnung: Das Untersuchungsmaterial ist – wenn immer möglich – **vor** Beginn einer Chemotherapie zu entnehmen. Wundsekrete und Eiter sind nach Möglichkeit an der Grenze zum gesunden Gewebe hin zu entnehmen. Einige weitere Hinweise zu häufigen Fragestellungen sind in Tabelle 4.8 zusammengestellt.

PCR: Aufgrund der außerordentlichen Empfindlichkeit der Polymerase-Kettenreaktion und der damit verbundenen Kontaminationsgefahr sollte die Specimenentnahme unter sterilen Kautelen und unter besonderer Beachtung folgender Punkte erfolgen:

- Röhrchen mit Schraubverschluß (keine Stopfen),
- umfüllen von Material vermeiden
- als Antikoagulans EDTA (kein Heparin).

Tabelle 4.8. Kriterien für häufige mikrobiologische Fragestellungen

Fragestellung	Entnahme	Transport	Aufbewahrung	Bemerkungen
Bakteriämie	10–20 mL Vollblut im Abstand von 1-2 h bei Neugeborenen und Säuglingen 1-5 mL	in Blutkultur-flasche	Raumtempe-ratur	je aerob/anaerob, 3 Paare innert 24 h
Eitrige Prozesse	viel Material (bis 10 mL) Aspirat in Spritze ohne Luftbeimengung	Spritze, Nadel mit Gummi stopfen ver-schließen		möglichst keine Wattetupfer stets aerobe und anae-aerobe Kultur verlan-gen (Mischinfektion)
Biopsie- und Operations-material	steriles Gefäß (ev. mit NaCl)		keine, wegen Auto-lyse	kleine Specimen in Stuart-Transport-medium
Harnwegsinfekt	Tauchnährboden 3x voll-ständig in frischen Mittel-strahlurin eintauchen bzw. beim Urinieren mit dem Mittelstrahl überfluten.	Urinkultur-Tauchnähr-boden	Raumtempe-ratur	Überschüssigen Urin abstreifen
Gonokokken (kult.)	Ausstreichen auf körper-warmen Thayer-Martin-Agar	GO-cult®, Biocult® Jembec®	Raumtempe-ratur	bessere Ausbeute bei Zervikal- als bei Vaginalabstrichen
Tuberkulose	Sputum: 3 getrennte Morgenproben an 3 auf-einanderfolgenden Tagen Urin: 3x morgendlicher Mittelstrahlurin	möglichst viel Material	4 °C	vgl. Text bei Verdacht auf Urogenital-Tb
Chlamydien	Abstriche von Urethra und Cervix			spez. Tupfer bzw. Bürstchen
Dermatomy-kosen	Hautschuppen am Rande der Läsion mit Skalpell und Pinzette entnehmen	steriles Gefäß ohne Zusatz		
Genitale Mykosen	Vaginalsekret, Vulvaab-strich, Urethralsekret	Abstrich in Trans-portmedium		
Viren	Abstriche, Urin, Stuhl Liquor	Transportmedium nativ in sterilem Gefäß		Transportmedium enthält Antibiotika
Darmparasiten	erbsengroßes Stück frischen Stuhl	innert 10 min zu 10 mL SAF-Lösung zugeben und intensiv verrühren	Raumtempe-ratur	
Meningitis	Liquor in sterilem Gefäß ohne Zusatz	in Bouillon	Raumtempe-ratur	rasche Verarbeitung

Specimentransport: Untersuchungsmaterial ist – von wenigen Ausnahmen abge-sehen – im Transportmedium ins Laboratorium zu bringen (z. B. Abb. 4.6). Dies gilt insbesondere für Watteträger, etwa von Rachen- bzw. Nasenabstrichen.

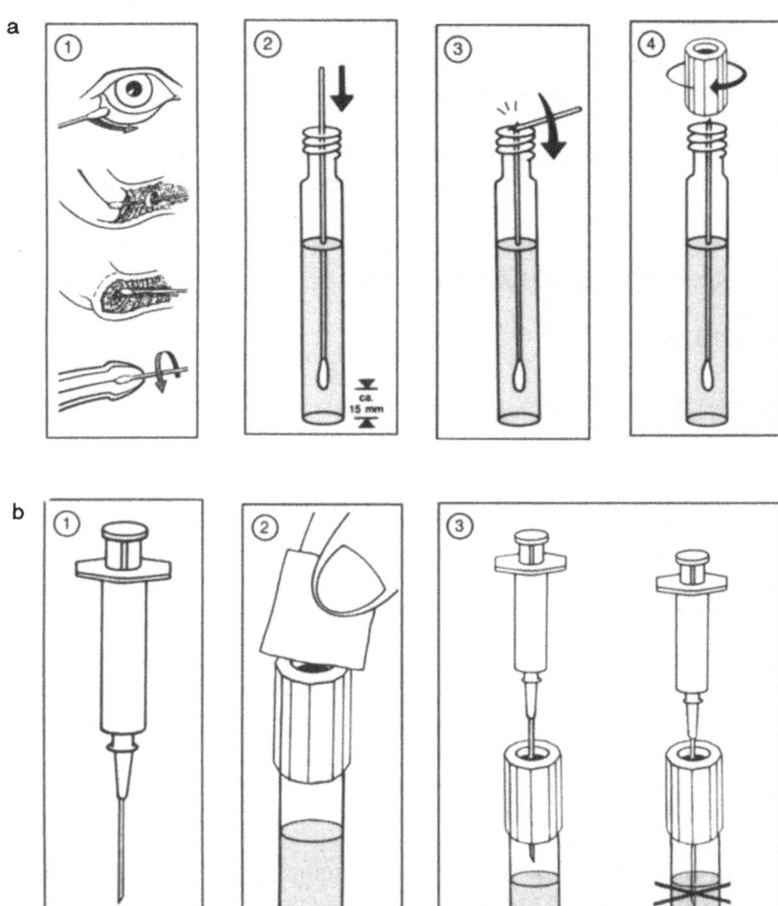

Abb. 4.6. Handhabung mikrobiologischer Transportmedien; **a** *Abstriche: 1* mit Tupfer Abstrich entnehmen *2* Tupfer nicht bis zum Boden durchstechen *3* Trägerende direkt am Röhrchenhals abbrechen *4* Röhrchen verschließen, **b** *Punktate: 1* flüssiges Untersuchungsmaterial entnehmen *2* Septum desinfizieren *3* Luft aus der Spritze entfernen und diese über dem festen Medium entleeren.

12 Kennzeichnung

Hier gelten imperativ folgende Forderungen:

- jedes Röhrchen korrekt beschriften: Name, Vorname, Geburtsdatum, Abteilung,
- aus hygienischen Gründen darauf achten, daß Röhrchen und Etiketten nicht verschmiert sind,
- bekannt infektiöse Proben (insbesondere Hepatitis) auf Röhrchen und Auftragsformular kennzeichnen,

- Röhrchen so etikettieren, daß man:
  - den Inhalt noch sieht
  - bei vorgeschriebenem Volumen (Bsp. Citratblut) den Füllstand kontrollieren kann,
  - den Stopfen leicht entfernen kann,
  - das Röhrchen samt Etikett ungehindert zentrifugieren kann.

13 Konservierung und Verwahrung

13.1 Blut

Elementar ist die Forderung, daß alle Specimen in geschlossenen Gefäßen aufzubewahren sind, weil:

- Verdunstung zum Anstieg der Konzentration nichtflüchtiger Substanzen führt,
- flüchtige Substanzen verdunsten,
- Gase diffundieren,
- Staubpartikel sich absetzen,
- Gase aus der Raumluft (insbesondere NH_3) absorbiert werden.

Ein buchstäblich exotisches Beispiel dazu wurde aus einem tropischen Laboratorium berichtet, in dem stets tiefe ChE-Aktivitäten gemessen wurden. Sie konnten schließlich auf die Insektizide gegen Kakerlaken zurückgeführt werden, mit denen die Raumluft geschwängert war.

Licht stört die Bestimmung von Bilirubin sowie der Porphyrine und ist durch Aufbewahrung im Dunkeln (Schachtel, Umwickeln von Alu- Folie, getöntes Gefäß) leicht zu eliminieren.

In-vitro-Stoffwechsel betrifft als Einflußgröße insbesondere die Bestimmung von Glucose und Lactat. Die Störung läßt sich durch Glykolysehemmung mittels Fluorid bzw. Iodazetat, neuerdings Mannose reduzieren. Die Haltbarkeit von stabilisierten Blutproben beträgt ca. 3 Stunden (Abb. 4.7). Bei der Blutgasanalyse sinken pH und pO_2, während pCO_2 ansteigt; empfohlen wird, die Analyse binnen zehn Minuten durchzuführen oder andernfalls die Spritze bzw. Kapillare unmittelbar nach Entnahme auf 4–6°C zu kühlen (Kühlbeutel) und die Bestimmung innerhalb 30 min durchzuführen [278]. In einer neueren Untersuchung [280b] wurde präzisiert, daß sich Kunststoffspritzen aus Gründen der Gasdurchlässigkeit nur für unmittelbare Verwendung eignen und dabei nicht zu kühlen sind.

Zeit als Einflußgröße ist für klinische-chemische Meßgrößen von ganz unterschiedlichem Stellenwert. Signifikante Veränderungen von Meßgrößen im Serum wurden bei Lagerung von Vollblut für Phosphat, Kreatinin, Kalium und Transaminasen beobachtet [253]. Ausmaß und Richtung dieser Verschiebungen sind temperaturabhängig. Bei Gerinnungsparametern, insbesondere bei der Thrombinzeit, wird empfohlen, die Bestimmung innerhalb 30 min nach der Entnahme durchzuführen; die Halbwertszeit für den Faktor VII beträgt 6 h. Auf die Zählung der Blutzellen wurden folgende Einflüsse des Specimenalters festgestellt: Während nach 24 h

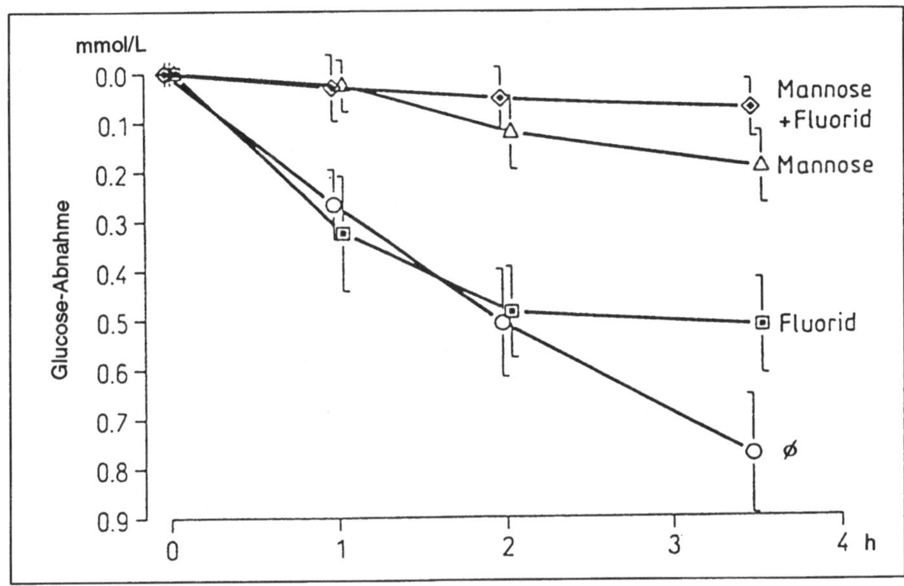

Abb. 4.7. Abnahme von P-Glucose bei verschiedenen Konservierungsbedingungen (aus [191])

Tabelle 4.9. Einfluß des Probenalters (24 H bei 4 °C) auf die Meßgrößen des kleinen Blutbildes (Mittelwerte von 50 Patienten, aus [282])

Messgröße	Einheit	Vorwert	Nachwert	Änderung
Leukozyten	x 10^9/L	9,09	9,62	+ 5,83 %
Erythrozyten	x 10^{12}/L	4,19	4,25	+ 1,53 %
Hämoglobin	g/L	124,5	126,0	+ 1,20 %
Hämatokrit	L/L	0,3635	0,3549	− 2,97 %
Thrombozyten	x 10^9/L	175,50	124,50	− 29,10 %

Lagerung bei 4 °C die Abweichungen bei Leukozyten und Erythrozyten geringfügig sind, sinkt die Thrombozyten-Zahl um 29 % (Tabelle 4.9). Analoge Verhältnisse liegen bei Raumtemperatur vor [21]. Angesichts der beobachteten Gestaltveränderungen bereits innerhalb der ersten 3 h nach der Blutabnahme (Vakuolisierung des Zytoplasmas, Verschwinden der Granula, Formveränderungen des Lymphozytenkerns, Anisozytose der Erythrozyten, Anschwellen der Thrombozyten) sowie erhöhter Aggregation empfiehlt es sich, Differentialblutbilder spätestens innerhalb von 3 h zu erstellen. Bei mechanisierter Differenzierung kann die Haltbarkeit einzelner Leukozytenklassen erheblich größer sein: Neutrophile Granulozyten, Lymphozyten sowie Monozyten konnten auch nach 24 Stunden Lagerung zuverlässig bestimmt werden. Dagegen sinken eosinophile Granulozyten bereits nach 4 h erheblich ab, basophile Granulozyten steigen bereits nach 2 h signifikant an [168].

Tabelle 4.10. Konzentrationsgefälle zwischen Erythrozyten und Plasma (ergänzt nach [86])

Systemkomponente	Einheit	Plasma	Erythrozyten	Ec/Plasma
Natrium	mmol/L	140	16	0,11
Kalium	mmol/L	4	100	25
Chlorid	mmol/L	104	52	0,5
Hydrogencarbonat	mmol/L	25	10	0,4
Harnstoff	mmol/L	5,5	4,0	0,72
Calcium	mmol/L	2,50	0,004	0,0016
Phosphat	mmol/L	1,2	4,2	3,5
Eisen	µmol/L	20	20300	1000
Glucose	mmol/L	5,0	4,1	0,82
Cholesterol	mmol/L	6,0	4,3	0,72
LDH	U/L	180	30000	167
ASAT	U/L	25	500	20
ALAT	U/L	25	175	7

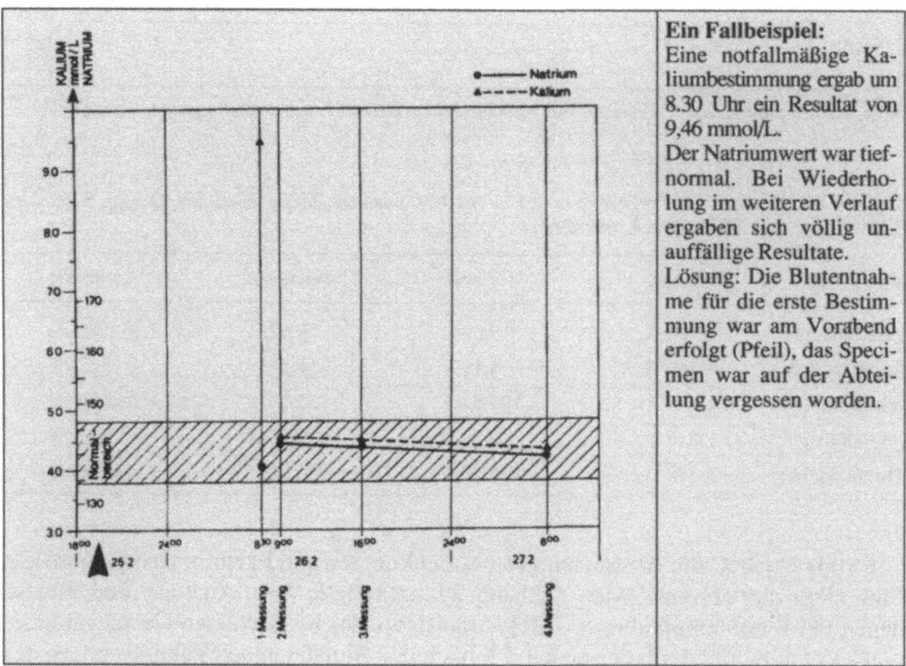

Ein Fallbeispiel:
Eine notfallmäßige Kaliumbestimmung ergab um 8.30 Uhr ein Resultat von 9,46 mmol/L.
Der Natriumwert war tiefnormal. Bei Wiederholung im weiteren Verlauf ergaben sich völlig unauffällige Resultate.
Lösung: Die Blutentnahme für die erste Bestimmung war am Vorabend erfolgt (Pfeil), das Specimen war auf der Abteilung vergessen worden.

Kontakt mit Erythrozyten beeinflußt insbesondere diejenigen klinisch-chemischen Parameter, bei denen ein großes Gefälle Erythrozyten/Plasma vorliegt (Tabelle 4.10). Die Abtrennung der Zellen hat unbedingt innerhalb 2 h zu erfolgen.

Schließlich sei auf die Kontamination aus der Umgebung bei der Bestimmung von Spurenelementen hingewiesen (Tabelle 4.11).

Weitere Angaben können einer neueren Literaturzusammenstellung von Guder und Wisser [113] entnommen werden.

Tabelle 4.11. Spurenelemente: Kontamination aus der Laborluft sowie aus Konservierungsmitteln (Daten nach [158])

Element	P-Konzentration μmol/L	Staub aus Laborluft μmol/kg	Heparin μmol/kg	Formaldehyd μmol/kg
Kupfer	11–22	4914	10,2	–
Eisen	15–22	57,8	–	62,6
Blei	< 1,9	10,4	–	–
Zink	10-20	25	428	95

13.2 Urin

Einfaches Kühlen führt zum Ausfall schlecht löslicher Substanzen wie Calcium, Magnesium, Phosphat, Harnsäure und ist deshalb nicht generell empfehlenswert. Einige übliche Verfahren sind in Tabelle 4.12 zusammengestellt; sie alle wirken sich ungünstig auf die Urinbakteriologie aus [349]. Für 5-Aminolävulinsäure, Porphobilinogen und Porphyrine liegen divergente Empfehlungen vor [81]. Für die Kreatininbestimmung ist Ansäuern ungünstig, weil dadurch das Gleichgewicht in Richtung Kreatin verschoben wird [93]. Einzelne Autoren stellten eine Abnahme von Albumin bei der Lagerung fest; als Ursache wird Adsorption in gewissen Röhrchen vermutet [302a]. β2-Mikroglobulin zersetzt sich in saurem Urin bereits in der Blase [24]. – Eigentlich würde es genügen, das Specimen zellfrei zu filtrieren, um im Filtrat weitere Veränderungen zu vermeiden; auf einem

Tabelle 4.12. Hinweise zur Urinkonservierung ([339], [342])

Komponente	Konservierung	Ausführung	Bemerkungen
α-Amylase	4 °C ohne Zusatz	Sammlung unter Kühlung	
Drogen	4 °C		Gewinnung unter Aufsicht
Elektrolyte	conc. HCl	10 ml	nach der Sammlung zufügen, gut mischen (erforderliche Endkonzentration an Säure: 0,1 mol/l [138])
hCG	Borsäure	5 g vorlegen	
5-HIAA	Borsäure	5 g vorlegen	
Katecholamine	HCl 6 mol/l		pH 1–2
Metabolite	Einfrieren	portionenweise	z. B. „Mikro"albumin [96]
	Thymol	5 ml vorlegen	10% Thymol in 2-Propanol. Harnsäure: pH > 6,5 < 7,0. Kreatinin: pH konstant! [93]
	keine		sofern Analyse binnen 4 h
Osmolalität	einfrieren		
Porphyrine	pH um 7		lichtgeschützt, gekühlt
Sediment	keine	binnen 1 h	
Steroide	Borsäure	5 g vorlegen	pH 3-5
Urinkultur	keine	binnen 20 min anlegen	Tauchnährboden, auch für Transport geeignet

entsprechenden Membranfilter könnte sogar allenfalls im selben Specimen eine Sedimentuntersuchung durchgeführt werden. Die Stabilität der Erythrozyten hängt von Osmolalität und pH ab; bei pH 6,5-7,0 und Osmolalität > 500 mmol/kg sind sie bis zu 12 h stabil. Bei alkalischem pH und Osmolalität < 400 mmol/kg tritt zunehmend Lyse auf. Sollen lediglich dysmorphe („glomeruläre") Erythrozyten untersucht werden, ist eine Konservierung mit Thiomersal möglich [267].

14 Transport

Beim Transport von Specimen innerhalb des eigenen Krankenhauses von der Klinik/Station zum Laboratorium sind folgende Kriterien zu beachten:

Zeitraum: Die „normale" Lieferfrist von Blut, dem häufigsten Probenmaterial, sollte 45 min nach Entnahme nicht überschreiten [46]. Eine schnellere Lieferung als ca. 30 min ist nur dann sinnvoll, wenn Plasma verwendet wird oder aber die Gerinnung durch Thrombinzusatz im Entnahmeröhrchen gefördert wird. Die mechanische Differenzierung von Blutzellen ist frühestens 15 min nach Blutentnahme möglich, da vorher die EDTA-Wirkung nicht standardisiert ist.

Temperatur: Auch Specimen, für die keine besondere Kühlvorschriften vorliegen, sollen möglichst wenig erwärmt werden. Eine Ausnahme sind Kälte-Antikörper.

Lagerung der Röhrchen: Aufrecht, nicht liegend. Vorteile: Blutgerinnung wird beschleunigt, Durchschütteln des Specimens wird verringert, Stopfen fällt weniger leicht ab – und mit weniger lästigen Folgen.

Schütteln, Schläge: Verursachen Hämolyse. Führen zu falschen Resultaten insbesondere von Kalium, Enzymen, Gerinnungsfaktoren. Rohrpostanlagen sind in Abhängigkeit von Länge, Beschleunigung in den Kurven und Verzögerung beim Bremsen besonders kritisch [119]. Neuere, computerisierte Anlagen können einen schonenden Specimentransport sicherstellen und so zu signifikanten Verbesserungen der turnaround time beitragen [166].

Infektiöses Material: Als infektiös gekennzeichnete Specimen sind mit besonderer Vorsicht zu transportieren.

Licht: Specimen, die unter Lichtabschluß zu verwahren sind, sind selbstverständlich auch entsprechend zu transportieren.

Einige Aspekte in bezug auf Aufbewahrung und Transport mikrobiologischer Specimen sind in Tabelle 4.8 enthalten.

15 Hygiene

Alle Specimen, die zur Untersuchung eintreffen, sind als potentiell infektiös zu behandeln. Im präanalytischen Bereich gelten folgende Regeln:
- Bekannt infektiöse Specimen sind klar zu kennzeichnen.
- Bei der Verarbeitung sind dichte Handschuhe zu tragen.
- Die Zentrifugation erfolgt im geschlossenen Röhrchen.
- Arbeitsflächen sind mit Hypochlorit, einer phenolischen Desinfektionslösung oder einem Iodophor täglich und nach jeder Verschmutzung zu desinfizieren.

Kapitel 5

Die Probe

Die Probe ist diejenige Teilmenge des Specimens, die tatsächlich für die Analyse eingesetzt wird. Sie ist ein Subsystem des Specimens. Das analytische Resultat ist strenggenommen nur für die Probe gültig. Bei kunstgerechter Prozedur kann angenommen werden, daß es auch für das übergeordnete System, also das Specimen repräsentativ ist.

1 Vorverarbeitung: Vom Specimen zur Probe

1.1 Arbeitsschritte

In der Hämatologie führt das Ausstreichen des Specimens zur Probe für die Leukozytendifferenzierung. Bei Leukopenien wird das Specimen in einer Hämatokritkapillare zentrifugiert, die Kapillare unterhalb des buffy-coats abgesägt, dieser ausgeblasen und ausgestrichen [249]. Für die Zellzählung wird das Specimen mit isotonischer Lösung zur Probe verdünnt. Voraussetzung für reproduzierbare Resultate ist eine gute Durchmischung des Specimens, was durch die handelsüblichen Mischer nicht bei allen Specimen mit Sicherheit gewährleistet wird. Liquorzellen werden in der Regel durch Zentrifugation oder Sedimentation angereichert; kürzlich wurde ein elegantes Verfahren mitgeteilt, letztere magnetisch zu unterstützen [132].

Der Schritt vom Specimen zur Probe umfaßt in der Blutgasanalyse eine einfache Resuspendierung der Erythrozyten. Da es bei der Abkühlung des Specimens zu einer Umverteilung von Protonen zwischen Plasma und Erythrozyten kommt, führt Unterlassung der Resuspension zu abweichenden pH-Werten. Wenn zur Berechnung der Sauerstoffsättigung eine Hämoglobin-Bestimmung vorgenommen werden soll, ist die Resuspendierung der Erythrozyten essentiell [220].

Eine Vorverarbeitung des primären Specimens ist hauptsächlich im *chemischen Laboratorium* erforderlich und kann folgende Schritte umfassen:

− Abtrennung der Blutzellen
− Abtrennung von Fibrin
− Enteiweißung
− Extraktion, Chromatographie, Fällung
− Delipidierung

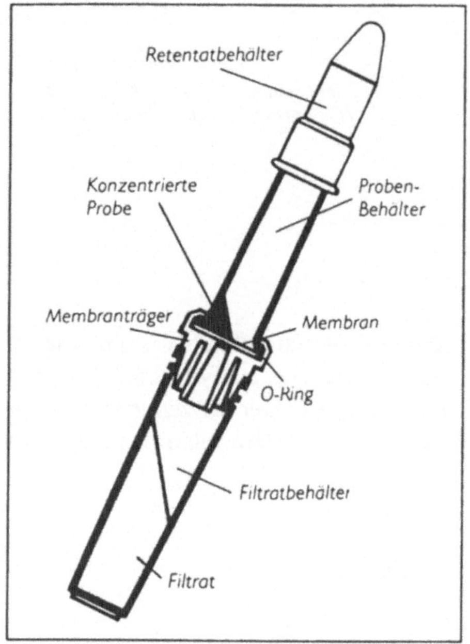

Abb. 5.1. Mikrokonzentrator für die Konzentrierung und Entsalzung von biologischen Proben.

Die Abtrennung der Zellen vom Serum bzw. Plasma erfolgt in der Regel durch Zentrifugation. Zentrifugationsbedingungen [46]:

– Dauer 5–15 min
– rel. Zentrifugalbeschleunigung: 1000–1200 g_n
– Temperatur: 18–20 °C

Andere Autoren [73] betonen, daß nur eine Zentrifugation bei 3000 g_n für 15 min ein plättchenfreies Plasma sicherstellt.

Pro memoria: Berechnung der rel. Zentrifugalbeschleunigung (ausgedrückt in g_n):
rel. Zentrifugalbeschleunigung = $1{,}118 \times 10^{-5} \times r \times (U/min)^2$, wo
r = Radius der Zentrifuge in cm, gemessen von der Achse bis zur Mitte des (ausgeschleuderten) Zentrifugenröhrchens, U/min = Umdrehungen pro Minute

Als Zentrifugationshilfen können Polystyrenkügelchen eingesetzt werden, welche sich aufgrund ihrer relativen Dichte bei der Zentrifugation zwischen Zellen und Serum anordnen und so eine klare Trennung bewirken. Besonders elegant und hygienisch erfolgt die Trennung zwischen Serum und Blutkuchen beim Vacutainer® SST (serum separator tube)- bzw. PST (plasma separator tube)-Röhrchen. Verwendet wird ein thixotropes Gel mit einer relativen Dichte zwischen Blutzellen und Serum. Es formt daher während des Zentrifugierens eine Barriere zwischen Serum und Blutkuchen. Für die Konzentrationsstabilität selbst von empfindlichen Meßgrößen (Glucose, Kalium, LDH) werden 24 Stunden angegeben [72]. Das ermöglicht die Verwendung von Primärgefäßen in entsprechenden selektiven Analysatoren.

Enteiweißung: Bis vor wenigen Jahren ein Angelpunkt in der Probenvorbereitung [112], hat die Enteiweißung angesichts des Vormarsches an enzymatischen Methoden in der Klinischen Chemie weitgehend an Bedeutung verloren.

Die *Extraktion* von störenden Lipiden kann mit Hilfe von Fluorkarbonen (Seroclear®) erfolgen [325].

Besonders elegant ist die *Anreicherung* von Proteinen im Liquor oder Urin mittels geeigneter Membranen in käuflichen Mikrokonzentratoren (z.B. Abb. 5.1).

Für den Nachweis von Parasiten im Stuhl werden *Filtration* und *Flottation* eingesetzt.

Bei der Schweißanalyse wird die Probe aus dem Specimen (Gaze) *eluiert.*

1.2 Hygiene

Zur Vermeidung der Übertragung von Infektionskrankheiten kann Serum 30 min bei 56 °C erhitzt werden. Dieses Vorgehen inaktiviert zumindest das AIDS-Virus und führte bei einer Anzahl von klinisch-chemischen Parametern zu keinen klinisch signifikanten Veränderungen [144]. Nichtsdestotrotz hat es sich nicht eingebürgert.

2 Probengefäße

Nach präanalytischen Gesichtspunkten ist es wesentlich, daß Probengefäße keine Kontamination der Probe verursachen und dazu beitragen, die Evaporation der Probe möglichst gering zu halten. Dafür günstig sind [39]:

– Laboratmosphäre mit optimaler Temperatur, relativer Feuchtigkeit und Luftzirkulation
– Probengefäße verschließen
– Gestalt der Probengefäße: hohe, schmale Gefäße sind optimal
– Probenröhrchen nur halb füllen
– zeitgerechte Verarbeitung

Kürzlich wurden spezielle Deckel mit einem Kamin von 1–4 mm Durchmesser und 12–36 mm Höhe beschrieben, welche die Evaporation auf < 0,1 %/h herabsetzen [40]. Sie gestatten den Einsatz verschlossener Probengefäße in Analysatoren ohne daß kräftige Perforationsmechanismen erforderlich sind. Anstelle der Verwendung von Deckeln könnte die Probe mit Silikonöl überschichtet werden [269]. Mittels dieser Maßnahmen kann der analytische Fehler im 2-ml-Gefäß bei 4 Stunden Verweildauer auf 2–5 % oder weniger, im 0,5-ml-Gefäß allerdings nur auf 8–13 % begrenzt werden.

Tabelle 5.1. Haltbarkeit nach der Probennahme. –: nicht ermittelt (zusammengestellt aus verschiedenen Quellen)

	Probe im verschlossenen Gefäß aufbewahren		
	+ 20–25 °C	+ 4 °C	– 20 °C
Enzyme			
Amylase, AP, Choline-sterase, GGT, LAP	nach 7 d 10% ↓	nach 7 d =	nach 7 d =
ALAT, ASAT, GIDH	nach 3 d 15 % ↓	nach 3 d 10 % ↓	nach 7 d =
CK, Lipase	24 h	5 d	–
CCE	nach 2 d ↓	1 d	Aktivität↑
U-Amylase	2 d	mindestens 10 d	Aktivität nimmt rasch ab
Prostata-Phosphatase	nicht empfohlen	24 h	6 Monate
LDH	nach 3 d 2 % ↓	nach 3 d 8 % ↓	Einfrieren nicht möglich
Metabolite			
EDTA-P-Ammoniak	–	2 h	–
Anorg. Phosphat	2 d	7 d	10 d
Bilirubin (Gesamt)	Nur frische Proben einsetzen! Vor Licht- u. Sonneneinwirkung schützen!		
Cholesterol (Gesamt)	6 d	6 d	6 Monate
Cholesterol in HDL	–	24 h	–
Eisen	4 d	7 d	–
B-Galactose	Enteiweißung von Blut sofort durchführen!		
Überstand	–	3 d	mehrere Monate
S-Proteine	6 d	6 d	10 d
U-Protein	4 d	–	–
L-Protein	2 d	2 Wochen	6 Monate
B-Glucose	Enteiweißung von Blut sofort durchführen! Plasma von zellulären Bestandteilen abtrennen!		
P-Glucose	3 d	7 d	3 Monate
Hämolysat-Glucose	2 d	2 d	–
U-Glucose	sofort bestimmen	24 h	–
Harnsäure	nach 5 d =	nach 5 d =	6 Monate
Harnstoff	1 d, wenn steril	3 d	6 Monate
IgA, IgG, IgM	3 d	7 d	3 Monate =
Komplementfaktoren C3, C4	1 d	nach 7 d =	mehrere Monate
Kreatinin	–	24 h	mehrere Monate
B-Lactat	Enteiweißung von Blut sofort durchführen!		
Überstand	8 d		–
Fluorid/EDTA-Plasma	3 d		14 d
Triglyceride	nicht empfohlen		mehrere Monate
Digoxin	nach 14 d 50 % ↓	7 d	6 Monate
B-Ethanol	nach 14 d =	nach 14 d =	Einfrieren nicht möglich
Elektrolyte			
Calcium, U-Calcium	nach 10 d =	nach 10 d =	nach 32 Wochen =
Chlorid	nach 7 d =	nach 7 d =	nach 7 d =
U-Chlorid, Lithium			
Magnesium	nach 7 d =	nach 7 d =	–
Kalium, Kupfer, Natrium	nach 14 d =	nach 14 d =	–
Hormone			
17-Oxosteroide, Estrogene, VMS, T_3, T_4, HIAA, Testosteron	2 d	7 d	6 Monate
11-Hydroxycorticosteroide, Estradiol, Cortisol, Progesteron	24 h	2 d	6 Monate

Tabelle 5.1. (Fortsetzung)

Hormone			
Prolaktin	24 h	–	–
Aldosteron, Insulin, hPL, LH, STH, FSH, TSH, Adrenalin	4 h	12 h	6 Monate
Renin	sofort bestimmen	1 h	1 Monat

Gerinnungsanalysen			
Thromboplastinzeit, Fibrinogen, PTT	5 h	nicht	nicht zu
Thrombinzeit	2 h	zu	empfehlen
AT III	5 h	empfehlen	mehrere Monate

Serologie			
Rheumafaktoren, CRP, Antistreptolysin O, HB_s-Antigen, Lues, HIV-Antikörper	1 d	nach 7 d =	mehrere Monate

Hämatologie			
Blutstatus, Reticulozyten	24 h	24 h	Ein-
Thromobozyten	24 h	nicht haltbar	frieren
Differenzierung	5 h (Erwachsene)	nicht haltbar	nicht
	2 h (Säuglinge)	nicht haltbar	möglich
Osmotische Resistenz, P-Hämoglobin	möglichst rasch		
B-Hämoglobin	12 h	24 h	Einfrieren nicht möglich
Blutsenkungsreaktion	innert 2 h	nicht haltbar	nicht haltbar

3 Haltbarkeit von Proben

Für die Aufbewahrung von *Serum* oder *Plasma* gelten folgende allgemeine Regeln:

- Bei Raumtemperatur kommt es innerhalb von 4 h zu keinen wesentlichen Veränderungen der Metabolite, Enzyme und Elektrolyte.
- Bei 4 °C bleiben innerhalb von 24 h Metabolite, Enzyme und Elektrolyte praktisch unverändert.
- Kann das Untersuchungsmaterial nicht am Tage der Blutentnahme verarbeitet werden, sollte es für die Bestimmung von Metaboliten bei – 20 °C eingefroren werden.

Genauere Angaben sowie Ausnahmen zu diesen Regeln sind der Tabelle 5.1 zu entnehmen. Nach Auftauen von tiefgefrorenen Proben ist auf gute Durchmischung zu achten, weil sich Konzentrationsgradienten gebildet hatten.

Werden selbst-abtauende Kühlschränke und Tiefkühlschränke verwendet, ist deren Funktionsweise zu überprüfen: Sie basiert darauf, daß durch periodisches Erwärmen das Eis geschmolzen wird. Wichtig ist, daß dies häufig geschieht (z. B. alle 4 h) und kurz dauert. Nur so kann vermieden werden, daß in Tiefkühlschränken die Raumtemperatur > 16 °C ansteigt und das Tiefkühlgut partiell auftaut.

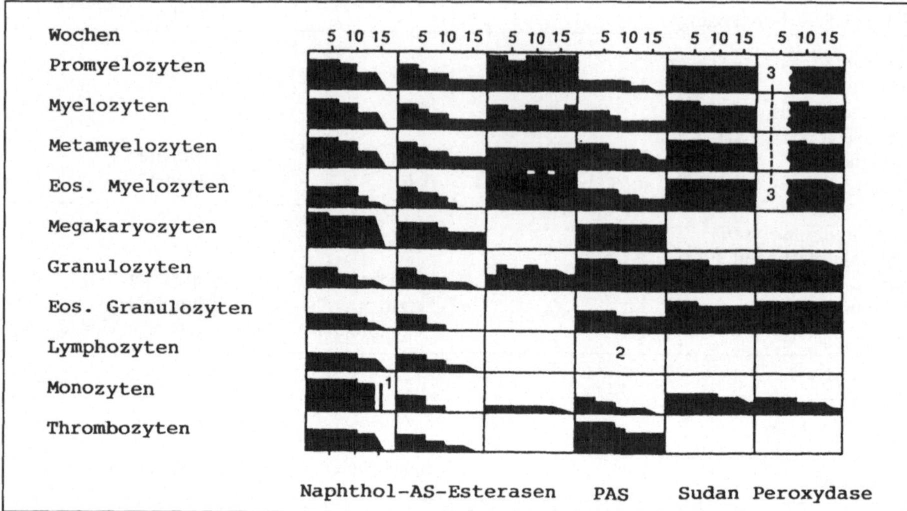

Abb. 5.2. Haltbarkeit von Blutausstrichen. Die schwarzen Felder entsprechen den positiven Reaktionen, wobei auf der Ordinate die Reaktionsstärke, auf der Abszisse die Lagerungsdauer eingetragen ist. [1] zuwenig Präparate. [2] vereinzelt PAS-positiver granulärer Kranz. [3] Einbettungsfehler (aus [135])

Hämatologie: Ausstriche für zytochemische Färbungen sind in der Regel einige Wochen haltbar (Abb. 5.2). Bei Aufbewahrung vorverdünnter Proben bei Raumtemperatur wurden innerhalb 4 h keine Änderungen bei Erythrozyten und Hämoglobin festgestellt, wohl aber eine Abnahme vom MCV und Leukozyten um 1,4 % bzw. 5 %; die Thrombozyten zeigten innerhalb von 4 h konstante Ergebnisse, stiegen danach jedoch an [55, 282]. Auf Grund neuerer Ergebnisse [95] ist die Zugabe von Sedimentationsinhibitoren zum Suspensionsmedium zu erwägen. Ferner sind mögliche Ergebnisverfälschungen durch manche der üblichen Kunststoff-Einwegbecher und der Verdünnungslösungen zu beachten [175].

4 Probenversand

Beim Postversand sind formell die Vorschriften der Post einzuhalten. Als Beispiel hier diejenigen der Deutschen Bundespost:

Postversand (Amtsbl. 35, 10.3.88, S. 539):
1. Sendungen mit medizinischem Untersuchungsgut ohne oder mit geringem Infektionsrisiko
Die Absender von biologischen Stoffen müssen sicherstellen, daß die Sendungen derart verpackt
sind, daß sie den Bestimmungsort in gutem Zustand erreichen und während des Versandes
keinerlei Gefahr für Menschen oder Umwelt darstellen. Die Verpackung muß aus folgenden
wesentlichen Bestandteilen bestehen:

a) einem flüssigkeitsdichten Probengefäß
b) einem flüssigkeitsdichten Schutzgefäß
Die Probengefäße und Schutzgefäße müssen aus transluzentem, formstabilem Kunststoff bestehen. Um einen dichten Verschluß zu gewährleisten, müssen übergreifende Schraubverschlüsse
benutzt werden.

c) Saugmaterial zwischen Probengefäß und Schutzgefäß.
Werden mehrere Probengefäße in ein einziges Schutzgefäß eingelegt, müssen sie einzeln verpackt
werden, um zu verhindern, daß sie sich gegenseitig berühren. Das Saugmaterial, z. B. Watte, muß
für den gesamten Inhalt ausreichen.
d) einer Versandhülle, die den postalischen Anforderungen an die Haltbarkeit entspricht.
Die Versandhülle soll den Hinweis „Medizinisches Untersuchungsgut" tragen.

2. Sendungen mit infektiösem medizinischen Untersuchungsgut
Biologische Stoffe, die für Mensch und Tier infektiös sind oder bei denen ein entsprechend
begründeter Verdacht gegeben ist, müssen neben den unter 1. geforderten
Verpackungsvorschriften zusätzlich unter Wertangabe versandt werden (Wertbrief oder
Wertpaket, je nach Gewicht und Beschaffenheit), um u.a. die Beförderung mit automatischen
Sortieranlagen auszuschliessen. Die Schraubverschlüsse müssen durch Klebeband verstärkt
werden.
Die Sendung muß auf der Aufschriftseite links neben der Aufschrift den auffälligen Vermerk
„Medizinisches Untersuchungsgut – Vorsicht infektiös!" tragen.

Analoge Vorschriften gelten in den USA [6]. Ein Beispiel einer korrekten Verpak-
kung ist in Abbildung 5.3 dargestellt. Die Versandhülle soll attraktiv (Wert des
Inhalts betonen), solide (reißfest, wasserdicht), wiederverwendbar und leicht sein.
Ein Produkt, das diesen Anforderungen entspricht, ist Tyvek®.

Besondere Kautelen sind in Tabelle 5.2 zusammengestellt. Veränderungen beim
Transport von Serumproben (Abfall von P-Glucose, CK, LDH, AP; Anstieg von
S-Calcium, Cholesterin, Triglyceriden) sind hauptsächlich auf den Zeitfaktor zu-
rückzuführen [169]. Bei hämatologischen Meßgrößen wurden keine Veränderungen
von B-Hämoglobin sowie der Erythrozytenzahl unter den gewählten Bedingungen
gefunden [22], dagegen stiegen das MCV (und damit der Hämatokrit) signifikant an.
Unerklärt bleibt die Ursache für den scheinbar signifikanten Anstieg der Leukozyten.

Müssen Proben tiefgefroren transportiert werden, sind Styroporkästen zu verwenden, die mindestens 5 kg Trockeneis aufnehmen können.

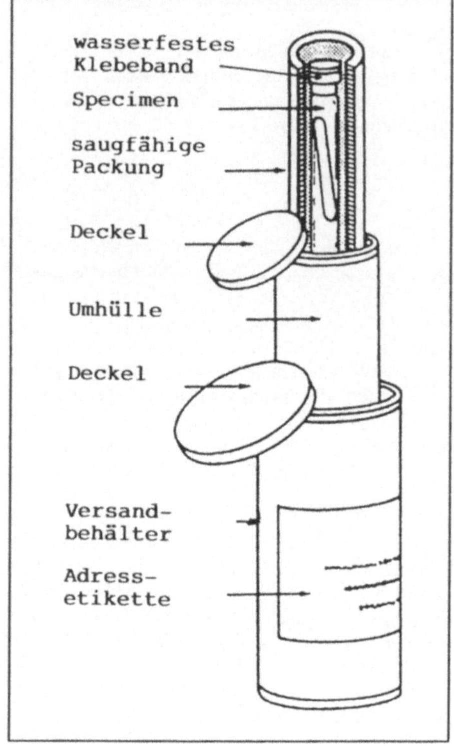

Abb. 5.3. Versandpackung

Tabelle 5.2. Versand von Proben unter besonderen Kautelen (nach [342]). Außer Kryoglobulinen, die nicht unter 20 °C aufbewahrt werden dürfen, ist für alle anderen Meßgrößen eine Aufbewahrung bei 4 °C anzustreben.

Meßgröße (im Serum bzw. Plasma)	Bedingung -20 °C	-70 °C	Additive/Bemerkungen
ACTH (Corticotropin)	X		Heparin
Aldosteron	X		
C-Peptid	X		
Calcitonin	X		
CEA			EDTA
Estradiol	X		Heparin
Estrogen-Rezeptoren im Gewebe		X	
Folat (Tetrahydrofolat)	X		
Insulin	X		
Parathyrin (PTH)	X		
hPL	X		
Prolaktin	X		
Prostaglandin F_2	X		
Pyridoxalphosphat (Vitamin B_6)			EDTA. Vor Licht schützen
Renin	X		EDTA, bei Entnahme sofort kühlen

Kapitel 6

Befund und postanalytisches Konsilium

1 Vom Resultat zum Befund

Liegt das analytische Resultat vor, ist dessen Beurteilung gemäß Abbildung 1.3 vorzunehmen. Sie umfaßt die Abschätzung der Validität des analytischen Prozeßes sowie die Gewichtung der Störfaktoren. Daran schließt sich die medizinische Beurteilung an, welche das Resultat in einen Zusammenhang mit dem zugehörigen Referenzintervall stellt, die Einflußgrößen gewichtet und die Plausibilität beurteilt. Damit entsteht ein **Befund.** Seine Syntax ist in Abbildung 6.1 dargestellt. Er wird hier insoweit behandelt, als es um die Dokumentation präanalytischer Einflußgrößen und Störfaktoren geht.

1.1 Analytische Beurteilung

Die technische Validierung eines Analysenresultats geschieht vor dem Hintergrund der eingehaltenen Kriterien der Qualitätssicherung. Zusätzlich sind zu berücksichtigen:

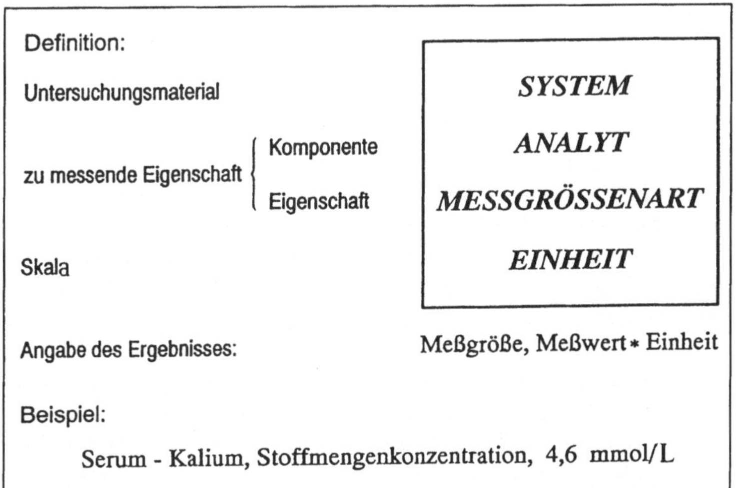

Abb. 6.1. Syntax eines Laboratoriumsbefundes (aus [45])

Tabelle 6.1. Vertrauensgrenzen (Binomialverteilung) für die Zählung von Blutzellen. n = ausgezählte Stichprobe, a = gefundene Anzahl (aus: Hämatologische Tafeln, SANDOZ 1972)

a	n = 100		200		1000	
0	0	4	0	2	0	1
1	0	6	0	4	0	2
2	0	8	0	6	1	4
3	0	9	1	7	2	5
4	1	10	1	8	2	6
5	1	12	2	10	3	7
6	2	13	3	11	4	8
7	2	14	3	12	5	9
8	3	16	4	13	6	10
9	4	17	5	15	7	11
10	4	18	6	16	8	13
15	8	24	10	21	12	18
20	12	30	14	27	17	23
25	16	35	19	32	22	28
30	21	40	23	37	27	33
35	25	46	28	43	32	39
40	30	51	33	48	36	44
45	35	56	38	53	41	49
50	39	61	42	58	46	54

Hämatologie: Bei den zählenden Methoden beträgt die analytische Streuung $1/n$, d.h. bei Kammerzählung 1/100 = 10 %, mit elektronischen Zählgeräten 1/10000 = 1 %. Für die Abschätzung des Gesamtfehlers addieren sich Materialfehler der Pipette (F1), Verdünnungsfehler (F2), Zählfehler (F3) etc. wie folgt: $F1^2 + F2^2 + F3^2$.

Differentialblutbild: Jedes Resultat ist anhand einer Binomialtafel zu beurteilen (Tabelle 6.1). Werden z. B. sieben eosinophile Leukozyten gefunden, kann deren Zahl bei 100 ausgezählten Zellen in Wirklichkeit zwischen 2 und 14 schwanken. Eine Erhöhung der Zahl der ausgezählten Zellen auf 200 bringt kaum eine vermehrte Sicherheit (Schwankungsbreite auf 3 bis 12 reduziert); erst wenn 1000 Zellen ausgezählt werden, wird das Resultat verläßlicher (Schwankungsbreite 5 bis 9). Oder umgekehrt gefragt: Wenn der obere Referenzwert der Eosinophilen bei 4 % liegt, welche Zahl ist sicher erhöht? Aus der Tabelle ist ersichtlich, daß bei 100 ausgezählten Zellen erst ein Resultat von 12 signifikant erhöht ist.

Mikrobiologie: In analoger Weise hängt die erfolgreiche Suche nach Wurmeiern im Stuhl von der Specimenmenge ab: um bei Infestationen mit Ei-Dichten von 1–10 pro g mit genügender Sicherheit Eier aufzufinden, ist eine minimale Specimenmenge von 0,5 g erforderlich (Abb. 6.2). Da viele Protozoen und Wurmeier unregelmäßig ausgeschieden werden, müssen mehrere Stuhlproben untersucht werden, um ein Resultat mit genügender Sicherheit als negativ bewerten zu können [200].

Klinische Toxikologie: Von besonderer Bedeutung ist eine Beurteilung der analytischen Validität der Resultate bei der Morphin-Bestimmung: Die in der Regel zum Screening eingesetzten immunologischen Methoden erlauben keine Unterscheidung zwischen Morphin und Codein. Eingenommenes Codein wird im Körper allmählich

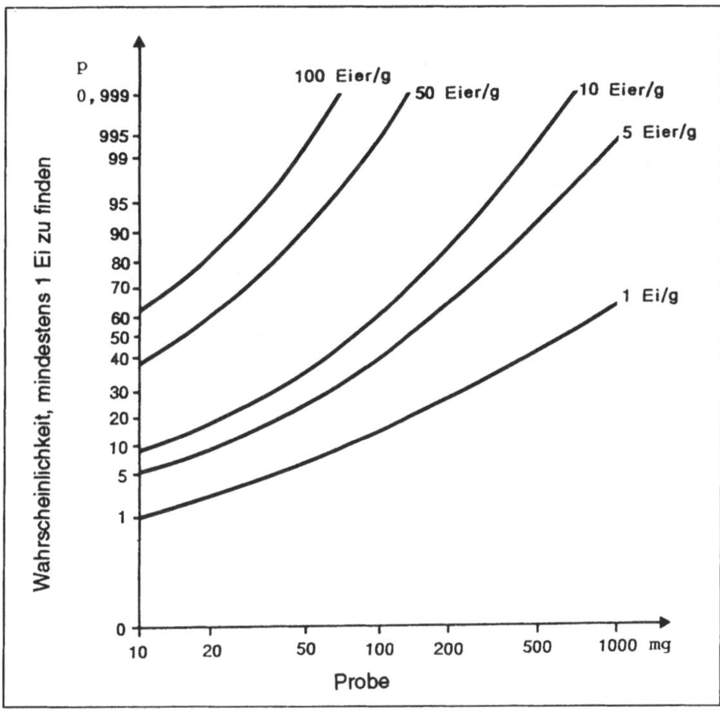

Abb. 6.2. Wahrscheinlichkeit, mindestens 1 Wurmei zu finden, in Abhängigkeit von Eidichte und Specimenmenge (nach [106]).

zu Morphin metabolisiert, so daß – dosisabhängig – nach einer gewissen Zeit nur noch Morphin nachgewiesen werden kann. Ein immunologischer Befund darf deshalb zunächst einmal nur lauten „Opiate positiv"; mit chromatographischen Methoden ist zwischen Morphin und Codein zu differenzieren. Schließlich ist unter Berücksichtigung der Zeit- und Konzentrationsverhältnisse ein definitiver Befund zu erstellen.

Therapeutisches drug monitoring: Die Beurteilung von Digoxin- Spiegeln, die mittels immunologischer Methoden ermittelt worden waren, verursacht besondere Schwierigkeiten. Die gegenwärtig verfügbaren Antikörper sind relativ unspezifisch für den Steroidanteil des Moleküls und können den Kohlenhydratanteil in der Regel überhaupt nicht erkennen [299]. Aus diesem Grunde zeigen eine große Anzahl von Steroiden, Lipiden und Arzneimitteln teilweise erhebliche Kreuzreaktion (bis zu 205 % im Falle von Digoxigenin).

Als abschließendes Beispiel sei aus dem Bereich der *klinischen Chemie* die analytische Beurteilung von Resultaten der Kreatininbestimmung im Serum diskutiert: Die Methode nach Jaffé mit Endpunktbestimmung unterliegt mannigfachen Störungen (insbesondere durch Ketone und Benzoesäurederivate). Damit ist es zum Beispiel beim Vorliegen eines diabetischen Coma nicht möglich zu entscheiden, ob eine erhöhte Kreatininkonzentration auf einer gleichzeitigen Niereninsuffizienz oder aber einer Störung der Nachweisreaktion durch Acetoacetat beruht. Modernere Analysenverfahren mit kinetischer Messung haben diese Störungen eliminiert; dafür sind sie anfälliger auf hohe Bilirubin-Konzentrationen. Eine Plausibilitätskontrolle des Kreatinins anhand des Harnstoffs ist fragwürdig: Vor allem bei gewißen Therapien (Beispiel Dialyse) liegt deshalb überhaupt keine Korrelation vor, weil sich das Aequilibrierungsverhalten der beiden Substanzen zwischen Erythrozyten und Plasma erheblich unterscheidet [66].

Inwieweit für die analytische Validierung Expertensysteme eingesetzt werden, hängt noch von deren beschränkten Verfügbarkeit und Brauchbarkeit ab; einzelne überzeugende Entwicklungen liegen in der Mikrobiologie (z. B. [77]) und in Teilbereichen der Klinischen Chemie vor (z. B. [323]).

In Bezug auf die Präanalytik gilt das Augenmerk hauptsächlich der Gewichtung von **Störfaktoren**:

Ein Beispiel aus dem hämatologischen Laboratorium: Kann das „kleine Blutbild" in einem nur halb gefüllten EDTA-Röhrchen durchgeführt werden, und, wenn ja, mit welchen Fehlern ist zu rechnen? Gemäß Abbildung 4.1 muß lediglich beim Hämatokrit mit einem um 0,04 tieferen Resultat gerechnet werden, die übrigen Meßgrößen werden nicht beeinflußt.

Im klinisch-chemischen Laboratorium werden folgende Störfaktoren erst bei der Vorverarbeitung des Specimens zur Probe erkannt: Lipämie, Hämolyse und Bilirubinämie. Ihr Ausmaß ist von Auge schwierig abzuschätzen; auch der Erfahrene täuscht sich leicht [98]. Bei stationären Patienten waren in der untersuchten Stichprobe 32 % aller Specimen betroffen (hauptsächlich Bilirubinämie), bei ambulanten 9,7 % (hauptsächlich Lipämie [271]).

Lipämie stört vor allem dann, wenn auf einen Probenleerwert verzichtet wird. Auch beim Mitführen eines Probenleerwertes ist zu beachten, daß die Resultate infolge von Lichtstreuung und/oder Störung der Reaktionskinetik verfälscht werden. In der Praxis ist davon z. B. die Hämoglobinbestimmung betroffen.

Hämolyse ist visuell ab ca. 250 mg/l Hämoglobin im Plasma erkennbar. Zur Abschätzung des Hämolysegrades ist die Bestimmung von P-Hämoglobin am empfindlichsten, wenn auch aufwendig. In der Praxis wird deshalb am häufigsten die Bestimmung der LDH eingesetzt. Durch die Blutentnahme wird eine unvermeidbare Hämolyse von bis zu ca. 100 mg/L verursacht [57]. Folgen von Hämolyse sind:

- falsch-hohe Werte von solchen Meßgrößen, die im Erythrozyten in wesentlich höheren Konzentrationen als im Plasma vorkommen (Tabelle 4.10)
- falsch-hohe oder falsch-tiefe Werte, wenn Komponenten aus den Erythrozyten mit dem Analysenverfahren interferieren (Beispiel: Ec-Adenylatkinase täuscht CK-Aktivität vor. Bei der IFCC-Methode wird diese Störung durch Zugabe spezifischer Hemmstoffe der Adenylatkinase bis zu einer Hämoglobinkonzentration von 2,5 g/l ausgeschaltet).
- falsch-tiefe Werte durch Hämoglobin-Interferenzen bei spektrometrischen Messungen, insbesondere < 500 nm (betroffen: in erster Linie Enzyme)

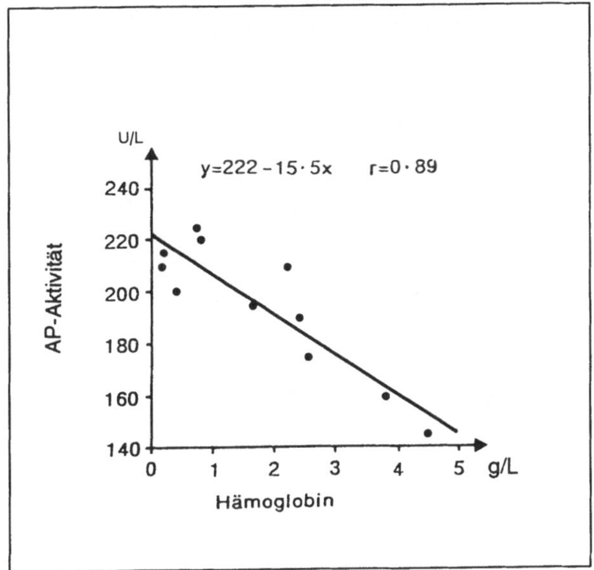

Abb. 6.3. Aktivität der alkalischen Phosphatase unter Hämolyse

– falsch-tiefe Resultate bei chemischen Interferenzen von Hämoglobin mit einzelnen Bestimmungsmethoden (Beispiel: AP, Abb. 6.3)
– falsch-tiefe Werte, wenn Erythrozytenbestandteile den Analyt zerstören (Beispiel: Insulin).

Einige Beispiele sind in Tabelle 6.2 zusammengestellt, das Ausmaß durch Abbildung 6.3 illustriert. Im Prinzip kann in-vitro-Hämolyse durch Standardisierung der präanalytischen Phase vermieden werden [111]. Als Hämolyse-Ursache sind neben inkorrekter Handhabung in der präanalytischen Phase auch in-vivo-Effekte zu berücksichtigen.

Bei der Beurteilung von *Bilirubinämie* als Störfaktor ist zu berücksichtigen, daß durch den Anstieg der Hintergrund- Absorption vor allem Bestimmungen im gelben Spektralbereich gestört werden. Darüber hinaus besetzt Bilirubin Albuminbindungen und stört damit die Bestimmung von solchen Meßgrößen, die physiologisch an Albumin gebunden sind. Schließlich stören analytisch oft Gallensäuren, für die Bilirubin lediglich ein Indikator ist. Bilirubinämie ist häufig und wird bei bis zu 20 % stationärer Patienten beobachtet, insbesondere, wenn Neugeborene im Patientengut vorkommen. Das Ausmaß kann bis zu 1500 µol/L betragen.

Eine neue Kategorie von Störfaktoren stellen mit dem zunehmenden Gebrauch von Immunotests *Antikörper* dar. Dabei hat es sich herausgestellt, daß viele endogene Antikörper multispezifisch („heterophil") sind [185]. Enzymbestimmungen werden durch Makro-Komplexe verfälscht, Hormonbestimmungen durch Autoantikörper, die Leukozytenzählung durch Kryoglobuline etc. [172]. Störungen durch Rheumafaktoren (Autoantikörper gegen menschliches IgG) können durch Verwendung von Hühner-Antikörpern in Testbestecken vermieden werden [180]. In Gegenwart monoklo-

Tabelle 6.2. Hämolyse als Störfaktor im Serum (Daten aus [301])

Hämolyse	Hb-Gehalt	falsch-erhöht	falsch-erniedrigt	unbeeinflußt
	> 0,2 g/l	LDH		
	0,8 g/l		Bilirubin	
	1,5 g/l	ASAT	Albumin (elektrophoretisch)	
erkennbar		Kalium	AP	
	2,5 g/l	CK		
	3,0 g/l		GGT	
	3,4 g/l	ALAT		
	6,6 g/l			Albumin (nephelometrisch), α-Amylase, Calcium, Chlorid, Cholesterol, ChE, Kreatinin, Eisen, Glucose, Harnsäure, Harnstoff, Natrium, Phosphat, Proteine Transferrin, Triglyceride

naler Komponenten fallen Bestimmungen von Immunglobulinen mit immunologischen Methoden zu hoch aus [258], auch weitere Meßmethoden können gestört sein. Im Patienten können Antikörper gegen die als Reagentien verwendeten tierischen Proteine vorliegen, insbesondere gegen Mausprotein (HAMA). Diese wurden durch frühere Behandlungen mit Therapaeutika erzeugt, welche entsprechende Proteine enthielten. Diese Einflußgröße kann zu falsch-positiven, bei Sandwichassays zu falsch-negativen Resultaten führen. Die zahlenmäßige Bedeutung dieser Fehlerquelle wird vermutlich unterschätzt, insbesondere beim Screening gesunder Probanden. Sie läßt sich im Prinzip durch den Zusatz geeigneter capture-antibodies im Ansatz eliminieren. Diagnostische Verfahren wie die Immunszintigraphie erzeugen hochtitrige Anti-Immunglobuline mit einem erheblichem Störpotential [337]. Abhilfe ist möglich durch Modifikation des in Diagnostika verwendeten IgG [214].

In der Praxis empfiehlt es sich, dem Auftraggeber Störfaktoren mittels formalisierter Zusätze von definierter Bedeutung mitzuteilen, z. B.:

* außerhalb Warngrenze

x überprüft

o annulliert wegen ...

• mit neuem Specimen zu kontrollieren

Δ Entnahmezeit ungünstig

1.2. Medizinische Beurteilung

Generell gilt es, vom bloßen Analysenresultat (Beispiel: 13 % Eosinophile) zu einem Laboratoriumsbefund („Eosinophilie") und schließlich zu einer Verdachtsdiagnose (allergische Reaktion?) vorzustoßen [193]. Stufen, welche über das reine Meßresultat hinaus zu interpretierenden Befunden führen, können z. B. sein:

– Beurteilung von Einflußgrößen
– Interaktionen von Meßgrößen untereinander
– Verknüpfung von Resultaten (z. B. Calcium/Albumin)
– Diagnose (z. B. aufgrund eines oralen Glucosetoleranztests)

Von besonderer Bedeutung ist die Beurteilung der Resultate mikrobiologischer Untersuchungen auf deren **klinische Relevanz** hin. Der Befund soll über alle am Entnahmeort potentiell pathogenen Bakterien berichten, während alle als nichtpathogen geltenden Keime unberücksichtigt bleiben sollten (Tabelle 6.3). Der Befund soll ferner in kausalem Zusammenhang mit der vermuteten Infektion stehen. Bei der Übermittlung von Resultaten der Resistenzprüfung sollte durch das Laboratorium deutlich gemacht werden, daß die nachgewiesene Aktivität eines Antibiotikums noch keine Aussage über dessen klinische Wirksamkeit darstellt. Wenn nötig, sollte durch das Laboratorium eine ergänzende Beurteilung erfolgen, z. B. bei Blutkulturen [312] in bezug auf:

– Specimenmenge (Sensitivität gering, wenn < 10 ml Blut)
– Anzahl der Entnahmen
– Spezifität (häufig falsch-positive Resultate infolge Kontamination durch Staph. epidermidis)
– Dauer der Inkubation
– Besonderheiten einzelner Keime, z. B. Enterokokken
– statistische Beurteilung (z. B. Wahrscheinlichkeit einer Septikämie bei 2 positiven Resultaten nach 1 d: 84 %).

Fallbeispiel: semiquantitative Urinkultur		
Keimzahl Bakterien/mL	übliche Beurteilung	Einflußgrößen
< 10000	Kontamination-	Gültig für Mittelstrahlurin; im Punktionsurin können bereits < 10000 Keime/mL auf eine Infektion hinweisen. Auch im Mittelstrahlurin können 100–10000 Keime/mL signifikant bzw. symptomatisch sein bei:
10000–100000	zweifelhaft (Wiederholung)	• Urethralsyndrom (Chlamydien, Staph. saprophyticus, Enterobakterien)
> 100000	Infektion (95 % gesichert, wenn in 2 aufeinanderfolgenden Specimen derselbe Keim)	• kurzeingelegtem Dauerkatheter • speziellen Erregern (Streptococcus milleri, Lactobacillus) – Gültig für minimale Urinverhaltung von 8 h. Bei Schrumpfblase, Pollakisurie oder anderen Ursachen kürzerer Urinverhaltung sollten bereits kleinere Keimzahlen ernstgenommen werden. – Weitere Ursachen für tiefe Keimzahlen bei Harnweginfekten: hoher Harnfluß, tiefer Urin-pH, hohe Harnstoffkonzentration, langsam sich replizierende Bakterien, Chemotherapie, Urinkontamination mit Desinfizientia, Beschränkung des Infekts auf Urethra.

Tabelle 6.3. Untersuchungsmaterial und relevante Keime (verändert nach [327])

Material	Routinemäßig zu berichten	Nur auf Anforderung zu untersuchen und zu berichten
Blut, Körperhöhlenflüssigkeiten (inkl. Liquor), Dialysat, Abszeß, tiefe Wunde, i.v. Katheter, Transtrachealaspirat, Innenohr, Nebenhöhlen, Organprothesen, Galle, Gewebsstücke, Magensaft (bei Neugeborenen)	alle Keime	Brucella, Legionella, Francisella
Nasenabstrich (nur von Keimträgern)	—	—
Rachenabstrich	ß-hämol. Streptokokken (alle Gruppen)	C. diphtheriae, B. pertussis (pernasale Probe!), Plaut-Vincent-Organismen
Äußerer Gehörgang, Ejakulat, Prostataexprimat, oberfl. Wunde, oberfl. Ulcus, Verbrennung, Haut	alle Keime, außer normaler Hautflora	
Sputum (nur Material mit < 25 Mundepithelzellen pro Gesichtsfeld [Objektiv 100 x])	alle Keime außer normaler Rachenflora	Mykoplasmen, Chlamydien
Tracheal-, Bronchialsekret	alle Keime, außer normaler Rachenflora	Mykoplasmen, Chlamydien
Urin	Gesamtkeimzahl, ab 10^4/mL auch qualitativ	
Urethra	Neisseria gonorrhoeae	Chlamydia trachomatis, Mykoplasmen
Zervix, Vagina	Neisseria gonorrhoeä, ß-hämol. Streptokokken, Candida, Gardnerella vaginalis	Chlamydia trachomatis, Mykoplasmen, Haemophilus ducreyi, Staph. aureus
Stuhl	Salmonella, Shigella, Campylobacter, Yersinia	Vibrio spp., Cl. difficile, B. cereus, Cl. botulinum (bei Säuglingsbotulismus), enterotoxische oder enteroinvasive E. coli
Perirektal- und Perianalabszeß	prädominierende Aerobier und Anaerobier	

Pathologische Resultate bei einzelnen Meßgrößen können zu Verfälschungen anderer Meßgrößen führen. Einige Beispiele von praktischer Relevanz sind in Tabelle 6.4 zusammengestellt. In analoger Weise ist es in Mischkulturen von mehr als 2 Mikroorganismen nicht möglich, allfällige Erreger von Kontaminanten zu unterscheiden. Auch bei hohen Keimzahlen kann deshalb keine vernünftige Identifikation und Resistenzbestimmung durchgeführt werden.

Tabelle 6.4. Interaktionen von Laborparametern

Meßgröße A	bewirkt bei Meßgröße B	Mechanismus	Quelle
GGT erhöht	Ammoniak erhöht	Deamidierung von Glutamin	83
Polyglobulie (> 0,6 Hämatokrit)	Thromboplastinzeit verfälscht (% zu niedrig)	Citrat-Plasma-Verhältnis zu hoch	37
> 20 x 10^9/L Lc > 500 x 10^9/L Thc	Hämoglobin falsch hoch (bis 10 g/L)	Trübung	37
Polyglobulie/ Polycythämie	BSG vermindert (bis 3 mm)		37
massive Leukozytose	MCV falsch-hoch (damit auch Hämatokrit)	keine Unterscheidung zwischen (kl.) Ec und (gr.) Lc	37
Thrombozytose	LDH falsch-tief Kalium: Pseudohyperkaliämie	ungenügende Zentrifugation Kaliumfreisetzung	236 213

2 Formulierung der Befunde

2.1 Befund und Referenzintervall

Jeder Befund ist minimal mit einem möglichst adäquaten Referenzintervall zu verknüpfen [104]. Schon diese Forderung ist im Krankenhaus kaum erfüllt, wenn Referenzintervalle, die an gesunden, aktiv tätigen Probanden ermittelt wurden, für die Beurteilung von bettlägerigen, immobilisierten Patienten herangezogen werden [161]. Einige häufig verwendete Referenzintervalle wurden kürzlich von Tietz [316] zusammengestellt. Ihre Gültigkeit setzt eine standardisierte Methodik lege artis voraus [321].

Das Konzept der Referenzintervalle wird von verschiedenen Seiten immer wieder in Frage gestellt: einerseits durch den Biometriker, der mit Recht darauf hinweist, daß die erforderlichen statistischen Voraussetzungen wohl in den wenigsten Fällen erfüllt sein dürften. Dann aber auch aus semantischer Sicht, ist doch zu betonen, daß Referenzintervalle rein statistisch beschreibend sind. Schließlich durch den Kliniker, der in erster Linie einen definierten „pathologischen Bereich" benötigt und weniger daran interessiert ist, die Verhältnisse beim Gesunden zu kennen. Ergänzend wies Keller [161] anhand des L-Immunglobulin-Indexes bei Patienten mit Multipler Sklerose zu Recht darauf hin, daß es in der neurologischen Praxis darum gehe, MS-Kranke von anderen neurologischen Kranken zu unterscheiden, nicht aber von Gesunden. Da die entsprechenden Grenzen sowie die Varianz bei verschiedenen Krankheiten ganz unterschiedlich sind (einige Beispiele: Tabelle 6. 5), dürfte aus pragmatischen Gründen das seit 1969 entwickelte Konzept der Referenzintervalle weiterhin Verwendung finden [103]. Unbefriedigend ist freilich, daß in bezug auf obere und untere Referenzwerte nur geringe Uebereinstimmung besteht, dies selbst z. B. in einem Land wie Kanada mit einheitlich hohem Standard medizinischer Versorgung (Abb. 6.4).

Tabelle 6.5. Durchschnittliche intraindividuale biologische Schwankungen im gesunden Zustand und bei verschiedenen Krankheiten (nach verschiedenen Quellen)

Analyt	Einheiten	Gesunde	IDDM ♀	♂	Myokard-infarkt	Nieren-kranke
Natrium	mmol/l	1,0	2,04	1,27	2,0	1,0
Kalium	mmol/l	0,18	2,01	1,23	0,45	0,60
Chlorid	mmol/L	2,1	1,64	1,59	2,3	1,1
Harnstoff	mmol/L	0,004	1,38	1,37	0,013	0,12
Glucose	mmol/L	0,26	—	—	—	1,4
Calcium	mmol/L	0,04	—	—	0,11	0,05
Albumin	g/L	1,3	1,59	1,37	2,5	1,7

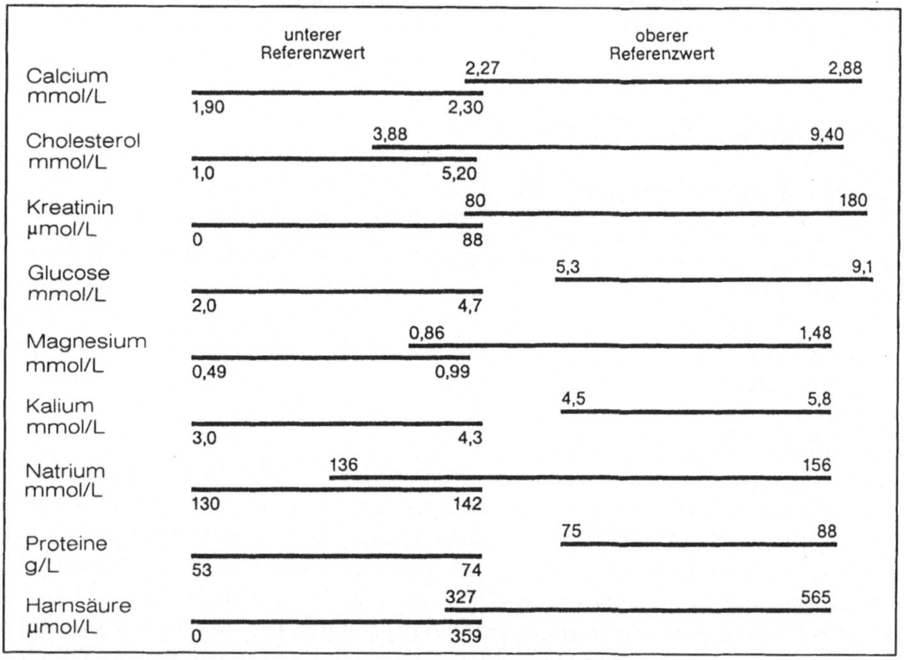

Abb. 6.4. Referenzwerte für adulte Männer in kanadischen Laboratorien [336]. Auffallend ist, daß in einzelnen Fällen obere und untere Referenzwerte überlappen!

Die Forderung nach „eigenen" Referenzintervallen für jedes Laboratorium ist obsolet, wenn sie mit methodischen Unzulänglichkeiten wie z. B. ungenügend standardisierter Kalibration begründet wird; sie kann aber wohl begründet sein durch präanalytische Faktoren, das Patientengut und die Fragestellung. So dürfte es für einen Landarzt mit Praxis im Berggebiet indiziert sein, bei seinen ambulanten Patienten etwas höhere Entscheidungsgrenzen z. B. für die CK als bei stationären, ruhenden Patienten eines Krankenhauses anzuwenden.

Tabelle 6.6. Beispiele von Referenzintervalle bei Kindern (Daten weitgehend aus [206])

	Nabel-schnur	1.d	1. Woche	1. Monat	6 Monate	1a	5a	10a	15a
B-Hämoglobin (g/L)	153–189	173–215	174–222	142–172	108–122	113–125	117–137	120–144	–
B-Hämatokrit (l/L)	0,47–0,57	0,51–0,65	0,58–0,74	0,47–0,57	0,35–0,41	0,37–0,41	0,34–0,40	0,36–0,42	–
B-Ec (10^{12}/L)	4,1–5,1	4,8–5,8	4,7–6,1	4,3–5,5	3,7–4,7	4,0–4,8	4,2–5,2	4,3–5,3	–
B-Lc (10^9/L)	–	9–34	5–21	5–19	6 –	17	5–14	5–13	4–13
Ec-MCV (fL)	107–119	104–116	108–136	95–117	82–100	83–95	76–84	75–87	–
ALAT (U/L)	–	6–50		5 –	45		10–25	10–35	♀ 5–35 ♂ 10–40
AP (U/L)	110 –	300		145 –	320		150–380	135–570	♀ 70–230 ♂ 130– 525
P-Bilirubin (µmol/L)	< 48	34–103	2–216				< 20		
P-Kreatinin (µmol/L)		74–112	46–90	10	–	50	10–60	40–90	50–110
GGT (U/L)	34	–	263	4–120	5–65	6–19	10–22	17–30	♀ 14–26 ♂ 12–33
IgG (g/L)	6,4–16,0	–	3,0–8,4	2,5–9,0	2,2–7,0	3,4–12,1	4,6–12,4	6,3–15,6	6,9–15,2
IgM (mg/L)	63–250	–	155–1250	200–870	350–1000	450–1730	430–2000	506–2400	470–247
S-LDH (U/L)	–	900 –	2150	–	500 –	920	330–500	♀ 260–500 ♂ 310–440	260–380 230–430
S-Phosphat (mmol/L)	1,55–2,0	1,6 –	2,7	–	1,3 –	2,1	1,3–1,8	1,2–1,8	0,9–1,5

In Tabelle 6.6 sind einige häufige Meßgrößen aus der pädiatrischen Praxis in ihrer *Altersabhängigkeit* zusammenfassend dargestellt. – Bei statistischen Veränderungen nach dem mittleren Lebensalter ist zu berücksichtigen, daß es sich häufig um Kohorteneffekte handeln mag: Beim Absinken der Triglyceride bei Männern nach dem 70. Altersjahr ist bekannt, daß die überlebende Population einem positiv selektionierten Kollektiv entspricht. Die Altersabhängigkeit kann auch als Steigung dargestellt werden (Tabelle 3.1). Diese neueren Untersuchungen zeigen, daß die Altersabhängigkeit von Meßgrößen des Laboratoriums für Erwachsene in der Regel überschätzt wird und klinisch ein ungleich geringeres Ausmaß als etwa die signifikante Abnahme physiologischer Funktionen hat [201]. Neuere hämatologische Resultate bei 84jährigen und älteren Versuchspersonen zeigten, daß an sich keine altersbedingte Abweichung vorliegt [354]. Es wird zu Recht darauf hingewiesen, daß anomale Werte nicht unbesehen dem Alterungsprozeß zugeschrieben werden dürfen. Anscheinend weisen prinzipiell lediglich die Geschlechtshormone, insbesondere die Estrogene bei der Frau, signifikante Änderungen in der Menopause auf [139]. Als Folge davon sind sekundär weitere Systemkomponenten in ihrer Konzentration altersabhängig verändert, zum Beispiel Ferritin, das bei der Frau nach der Menopause identisch zu dem beim Mann wird, oder aber S-Calcium, das bei der Frau nach der Menopause ansteigt. Methodisch warnt der zitierte Autor vor dem Vergleich von Querschnittdaten, welche in manchen Fällen geringfügige Unterschiede übertreiben können.

In einzelnen Fällen weist ein Befund eine klar umschriebene, begrenzte Gültigkeit auf, ist somit eine definierte *Zeit* das Referenzintervall: So ist das Resultat eines Antikörpersuchtests bei Schwangeren und innerhalb der letzten drei Monate transfundierten Patienten 2 Tage gültig, bei den übrigen Patienten 4 Tage, weil sich erfahrungsgemäß der Immunstatus in diesen Zeiträumen nicht signifikant verändert.

2.2. Plausibilität

Zunächst geht es im Laboratorium im Bereich der Plausibilitätsabschätzung um eine *Trendkontrolle*, d.h. um eine Beurteilung des Möglichen bzw. Unwahrscheinlichen im zeitlichen Ablauf (Tab. 6. 7). Unplausible Resultate sind sofort auf präanalytische und/oder analytische Fehler zu überprüfen.

Zweitens geht es um eine *Extremwertkontrolle*, d.h. um das Erkennen von kritischen Werten, wobei die Warngrenzen auf spezifische klinische Gegebenheiten ausgerichtet sein müssen. Dagegen müssen Aspekte der Konstellationskontrolle und der klinischen Erwartung dem auftraggebenden Arzt überlassen werden. Besonders schwierige Verhältnisse liegen im Notfallabor vor, wo weder Vorwerte vorliegen noch ein klinischer Erwartungswert herangezogen werden kann. Aus organisatorischen Gründen kommt hier oft der MTLA eine besondere Funktion – und auch Verantwortung – zu [11].

Interpretierende Befunde sind in der Mikrobiologie von besonderer Bedeutung, um den Arzt zielgerichtet unterstützen zu können (minimal z.B. oxacillinresistente Staphylokokken). Hier kann der Einsatz von Expertensystemen besonders nützlich sein [77].

Tabelle 6.7. Mögliche prozentuale Schwankungen beim Gesunden von Tag zu Tag (nach verschiedenen Quellen)

Meßgröße	mögliche Schwankungen von Tag zu Tag (%)	
	nach unten	nach oben
S-Natrium	− 6	+ 6
S-Chlorid	− 8	+ 8
S-Kalium	− 25	+ 30
S-Calcium	− 14	+ 14
S-Magnesium	− 10	+ 10
S-Phosphat	− 50	+ 100
S-Proteine	− 15	+ 16
S-Albumin	− 15	+ 18
S-Harnstoff	− 45	+ 100
S-Kreatinin	− 35	+ 60
S-Harnsäure	− 60	+ 50
P-Glucose	− 56	+ 110
Eisen	− 65	+ 150
S-Bilirubin	− 70	+ 160
Cholesterol	− 34	+ 34
Triglyceride	− 45	+ 80
ASAT	− 70	+ 170
ALAT	− 65	+ 170
AP	− 40	+ 100
γ-GT	− 60	+ 200
LDH	− 50	+ 100
CK	− 80	+ 250
ChE	− 40	+ 60
S-Amylase	− 60	+ 110
B-Erythrozyten	− 15	+ 15
B-Leukozyten	− 48	+ 48
Thrombozyten	− 45	+ 45
B-Hämoglobin	− 10	+ 10
Hämatokrit	− 11	+ 11

2.3 Darstellung

Standardisierungsempfehlungen liegen lediglich in einzelnen Bereichen vor, z.B. Hämatologie [188]. Analog zum Auftrag umfaßt ein Befund in der Regel fünf Bereiche [204]:

- Patient, identifiziert mit Name, Vornamen, Geburtsdatum, Geschlecht, Fallnummer, Arzt, Adresse für Befund
- Specimen, mit Datum/Zeit von Entnahme und Eintreffen im Laboratorium sowie allfälliger näherer Beschreibung (z. B. vor Dialyse, nüchtern, etc.)
- Resultat gemäß Abbildung 6.1
- Kommentar im Sinne einer Interpretation
- Laboratorium, wobei korrekterweise zum Ausdruck zu bringen ist, wo bei einem allfälligen Probenversand die Bestimmung wirklich durchgeführt worden ist.

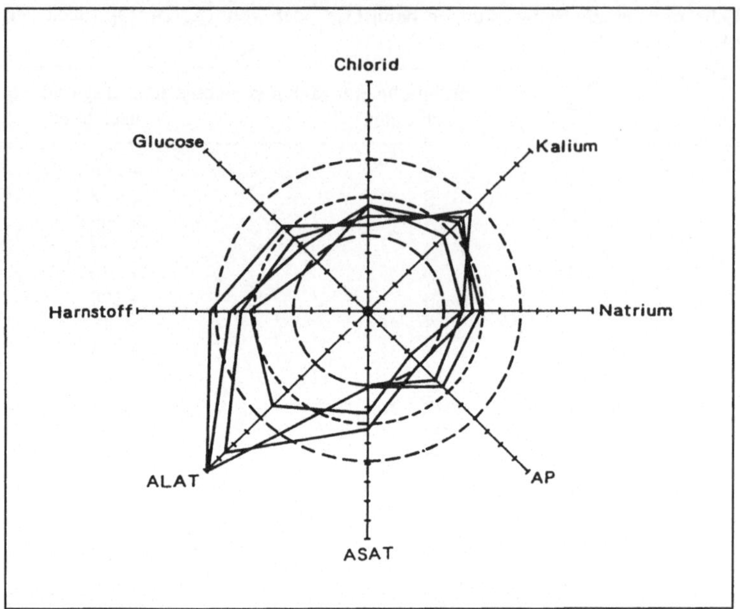

Abb. 6.5. Zirkuläre Darstellung von 8 Meßgrößen. Die drei Kreise entsprechen dem Mittelwert ± 2, das Zentrum und die Skalenenden ± 6 Standardabweichungen

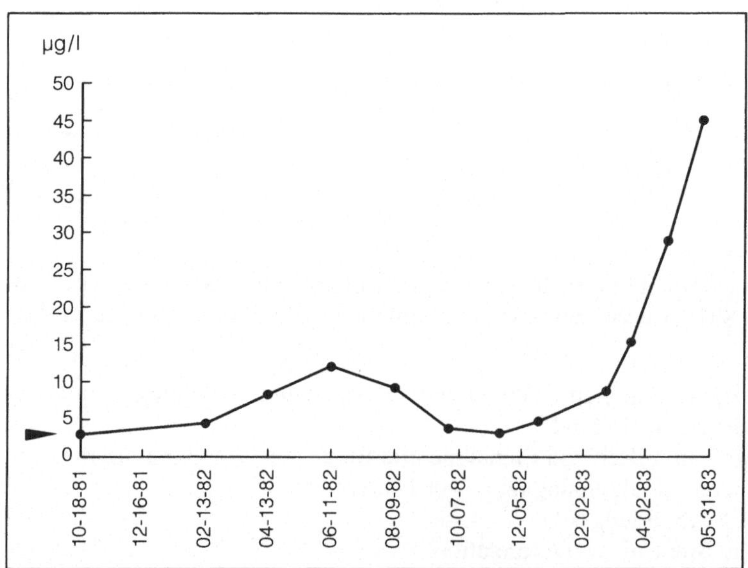

Abb. 6.6. Darstellung von CEA-Resultaten im longitudinalen Verlauf. Pfeil: oberer Referenzwert für Nichtraucher

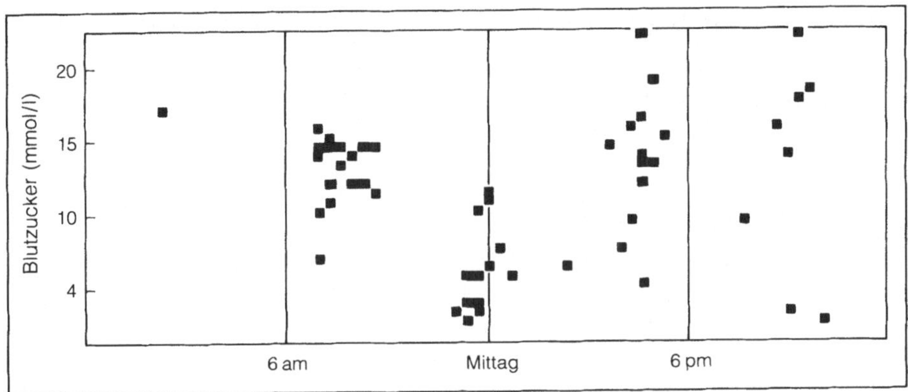

Abb. 6.7. Blutzuckerwerte und Tageszeit über einen Zeitraum von 17 d

Wenn Befunddarstellungen weniger schematisch gestaltet und vermehrt der klinischen Fragestellung und damit der eigentlichen Zielsetzung der Laboruntersuchungen angepaßt würden, könnten sie einen höheren Grad von Aussagekraft erreichen: Bei einer präoperativen Abklärung z.B. ist der Erwartungswert, daß alle untersuchten Meßgrößen im Referenzintervall liegen. Dabei interessieren die schieren Zahlenwerte nicht. Eine zirkuläre Darstellung (Abb. 6.5) kann hier sehr aussagekräftig sein. Auch wenn es darum geht, Beziehungen von Meßgrößen untereinander graphisch anschaulich zu machen, eignet sich die zirkuläre Darstellung (z. B. Blutgasanalyse [19]). Zwei weitere Beispiele aussagekräftiger Datenreduktion in der Befundpräsentation sind in den folgenden Abbildungen widergegeben: Hier geht es um den longitudinalen Verlauf über einen längeren Zeitraum (Abb. 6.6) bzw. die komplexe Analyse eines Musters (Abb. 6.7). Kürzlich wurde ein auch didaktisch einleuchtender Vorschlag für die Darstellung der Einzelkomponenten der Urinproteinausscheidung gemacht [114]. Komplexere Darstellungsformen wie Chernoff-Gesichter, welche die multivariate Darstellung von Trends erlauben [194], haben sich bisher kaum durchsetzen können.

Politser [246] regte an, Erkenntnisse aus der psychologischen Literatur zur Gestaltung informativerer Laborbefunde heranzuziehen. Er forderte:

— Information zu filtern
— Befunde zu vereinfachen
— Daten geeignet zu codieren
— Resultate zu gruppieren
— die Erkennung von Veränderungen zu erleichtern

Bleibt anzumerken, daß sich mittels desk top publishing mit eigenen Mitteln differenzierte Befundformulare für spezielle Fragestellungen auch in kleinen Serien anfertigen lassen.

3 Das postanalytische Konsilium

Hauptaufgabe des Laboratoriums ist es nicht, mehr Resultate billiger zu produzieren, sondern medizinische Probleme zu lösen. (Blumberg, Aarau)

3.1 Dialog mit dem Kliniker

Auf der Stufe des *Faches* Laboratoriumsmedizin wird die erfolgreiche Zusammenarbeit wohl am besten durch die Titel der Merck- Symposien der letzten 20 Jahre illustriert (Tabelle 6.8).

Weitaus wichtiger ist indessen die Kommunikation auf der Stufe der *Institution*, zwischen Klinik und Institut. Auch hier geht es nur in Ausnahmefällen um die Beurteilung von Einzelwerten am Krankenbett (z.B. bei vermuteten Verwechslungen [probat: Blutgruppe bestimmen]), wenn auch die regelmäßige oder gelegentliche Teilnahme an Visiten außerordentlich nützlich und lehrreich ist. Im Vordergrund steht die kritische Evaluation von Labordaten im Zusammenhang und die Interpretation primär unglaubwürdiger Resultate. Daß dabei z.B. posttranslationale Veränderungen von Enzymproteinen eine Rolle spielen können, dürfte wohl ein exklusiver Beitrag aus dem Erfahrungsschatz des Klinischen Chemikers sein. Zu betonen ist in diesem Zusammenhang die zentrale Rolle der telefonischen Erreichbarkeit des Klinischen Chemikers. Ein weiterer Bereich ist die permanente Diskussion der vorhandenen Richtlinien mit dem Kliniker zwecks Verbesserung der klinischen Effizienz. Themen in diesem Zusammenhang sind:

Strategieprobleme, wie sie z.B. schon früh durch Schmidt und Schmidt (in [179]) anhand der Diagnostik von Leberkrankheiten diskutiert worden waren: Einheitliche oder der Inzidenz angepasste Strategieempfehlungen? Grenzen der klinisch-chemischen Diagnostik und Überwindung der Barrieren zu andern diagnostischen Methoden. Unsicherheit bei der Wahl der Bezugsgrundlagen. Angesichts des Umstands, daß viele Meßgrößen des Laboratoriums mit Krankheiten lediglich assoziiert, aber keineswegs kausal verknüpft sind sowie anderer Randbedingungen scheinen freilich praktisch alle bisherigen Diagnostikprogramme bei etwa 70 % Effizienz an eine Art Schallmauer zu stoßen. Auch einfachere Fragen, wie etwa Ergänzung oder Ersatz der Blutsenkungsreaktion durch die Bestimmung von CRP, sind am günstigsten gemeinsam zu bearbeiten. Angesichts gebieterischer Forderungen nach **Kostenwirksamkeit** gilt es, auf dem „Weg nach diagnostischer Sicherheit" beizeiten innezuhalten.

Tabelle 6.8. Merck-Symposien

1970	Auftrag der Klinik an das klinisch-chemische Laboratorium
1973	Optimierung der Diagnostik
1975	Anwendung immunologischer Methoden
1977	Aktuelle Probleme der Pathobiochemie
1979	Validität klinisch-chemischer Befunde
1981	Strategien der klinischen Chemie
1983	Pathobiochemie der Entzündung
1985	Funktion und Funktionsdiagnostik der Leber
1987	Molekularbiologische Methoden in der Diagnostik
1989	Pathobiochemie und Funktionsdiagnostik der Niere
1992	Pathobiochemie, Molekularbiologie, Medizinische Diagnostik kardiovaskulärer Erkrankungen

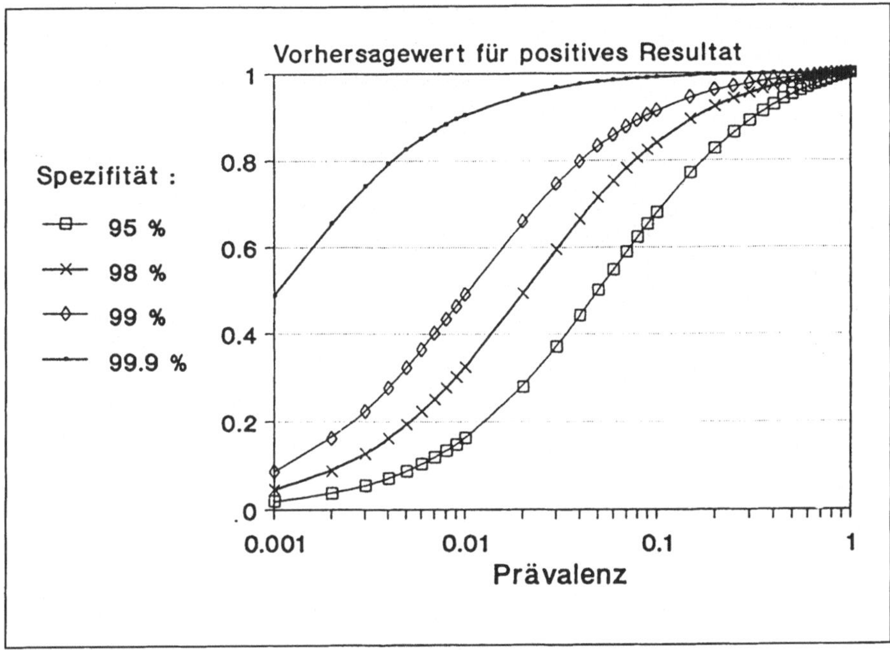

Abb. 6.8. Prädiktive Werte für ein positives Resultat in Abhängigkeit von Spezifität und Prävalenz bei einer Sensitivität von 0,95 (aus [338])

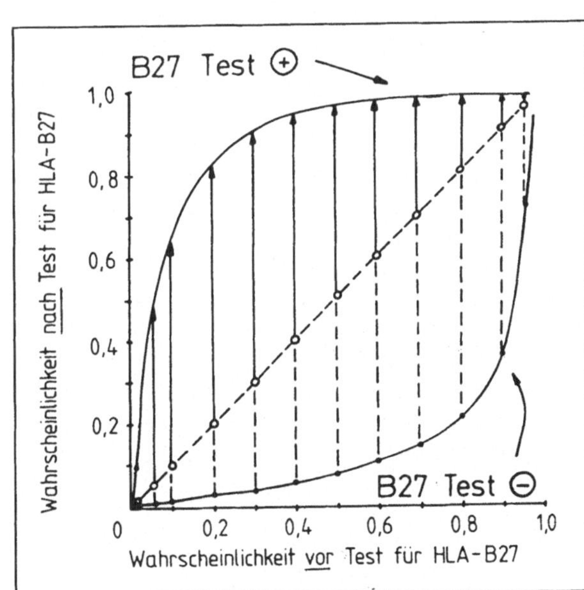

Abb. 6.9. Ankylosierende
Spondylitis. Abszisse: Wahr-
scheinlichkei für das Vorliegen der Erkrankung aufgrund
klinischer Parameter. Ordinate: Wahrscheinlichkeit, daß
bei pos. HLA-B27-Test ein
M. Bechterew vorliegt. Pfeile:
Beitrag des Tests zur Verringerung der diagnostischen Unsicherheit [30]

Tabelle 6.9. Wie groß muß ein gemessener Unterschied in einem Individuum sein, um als signifikant zu gelten? (verändert nach [86])

Systemkomponente	Einheit	erforderliche Änderung		Urin
		Serum	(im Bereich)	
Natrium	mmol/L	6	(140)	99
Kalium	mmol/L	0,6	(4,2)	56
Calcium	mmol/L	0,19	(2,4)	3,4
Magnesium	mmol/L	0,4	(1,0)	
Chlorid	mmol/L	6	(100)	
Hydrogencarbonat	mmol/L	4	(26)	
Harnstoff	mmol/L	2,1	(5,0)	204
Kreatinin	µmol/L	21	(60)	10.000
Harnsäure	µmol/L	70	(260)	3.400
Phosphat	mmol/L	0,3	(1,2)	18
Bilirubin	µmol/L	10	(10)	
Eisen	µmol/L	8	(18)	
Cholesterol	mmol/L	1,6	(5,8)	
Triglyceride	mmol/L	0,9	(1,2)	
Glucose	mmol/L	1,6	(4,6)	2,3
Proteine	g/L	6	(75)	0,3
Albumin	g/L	5	(40)	
AP	U/L	22	(60)	
ASAT	U/L	13	(20)	
LDH	U/L	114	(240)	

Kürzlich wurde am Beispiel von Eisenmangel gezeigt, wie etwa Ec-Protoporphyrin (nach B-Hämoglobin, MCV, Transferrin und Ferritin) einen infinitesimal kleinen Beitrag zur Diagnosesicherung bei exorbitanten Kosten pro bit Information leistet [154]. Dasselbe gilt für die üblicherweise hoch redundante Diagnostik des Myokardinfarkts, wo die erste untersuchte Meßgröße den Löwenanteil an Information bringt, egal, ob es sich um die ASAT oder das EKG handelt. Die zweite Meßgröße in der Testsequenz ist noch nützlich, die dritte kaum mehr, die vierte sicher überflüssig.

Statistische Gegebenheiten zur Aussagekraft von Befunden: Validität eines Einzelresultates, zumal die Mitteilung von analytisch bedingten Streuungsmassen in der Laboratoriumsmedizin nicht standardmäßig üblich ist. Als Schlußfolgerung daraus: Welche gemessene Konzentrationsänderung einer Systemkomponente ist als signifikant zu werten (Tab. 6.9)? Validität von Resultaten im Zusammenhang mit dem Stichprobenumfang. Abhängigkeit des prädiktiven Werts für ein positives Resultat von Spezifität und Prävalenz (Abb. 6.8). Wahrscheinlichkeit für eine bestimmte Krankheit auf Grund eines Testresultates (Abb. 6.9). Präanalytische und analytische Fehlerhäufigkeiten [49]. Nota bene: Die meisten Kliniker sind immer wieder erstaunt, wie gering die objektiv belegbaren Fehlerraten in einem gut geführten und modern ausgerüsteten Laboratorium sind (im zitierten Beispiel 0,3 %). Als Rat für die Praxis: Unglaubhafte Resultate müssen wiederholt werden, aber mehrfach, da die Kraft von Doppelbestimmungen zur Fehleraufdeckung gering ist und die analytische Varianz mit der Zahl der Wiederholungen um $\sqrt{n}$ sinkt.

Alarmgrenzen sind als Kenngröße noch arbiträrer als Referenzintervalle. Sie hängen vom Patientengut (z. B. anders für eine Kinderklinik) und der Fragestellung ab und sind deshalb durch den Kliniker festzulegen. Das Laboratorium benötigt diese Information, um Meßwerte außerhalb der Alarmgrenzen unaufgefordert sofort übermitteln zu können.

Verständigung über *weiche Daten*, z.B. was bedeutet grobe, was toxische Granulation der Erythrozyten? Wie sind Protokolle in der Mikrobiologie aufgebaut? Was bedeutet ++ in der Urinanalyse? Was ist eine „erhöhte" CK-Aktivität? Welche Bakterienzahl im Urin ist entsprechend dem Patientenkollektiv als pathologisch zu betrachten [242]?

In der permanenten Ausbildung immer neuer Assistentengenerationen, von Medizinstudenten und Ärzten im Praktikum gehört das ceterum censeo, Laboruntersuchungen **rational** in einen diagnostischen und therapeutischen Strategieplan einzubeziehen. Anstöße zum zielorientierten Erkennen und Handeln sind z. B. :

- therapeutische Maßnahmen, die die Diagnostik beeinflussen, zurückzustellen, insbesondere beim Eintritt eines Patienten
- die Bestimmung des P-Kreatinins als Meßgröße für die glomeruläre Filtration einzusetzen, seit gezeigt wurde, daß die Kreatinin-Clearance unpräzise und ungenau ist [102, 235],
- die Bestimmung der CK-MB selektiver und zurückhaltender zu verordnen, nachdem gezeigt werden konnte, daß diese Bestimmung häufig unkritisch eingesetzt wird [108].
- die Tatsache, daß auf Grund der Definition der Referenzintervalle 5 % aller Gesunden „pathologische" Resultate auf weisen, oder etwa, daß undifferenzierte Tumoren häufig keine „Tumormarker" produzieren (z.B. exprimieren ca. 1/4 aller Colon-Karzinome kein CEA).
- die periodische Mitteilung des Resistenzverhaltens im Überblick durch das Laboratorium. Dies versetzt den Arzt in die Lage, das Resultat einer Resistenzprüfung als prädiktiven Wert klinisch umzusetzen [221] und ermöglicht eine gezieltere Antibiotikatherapie.

In diesem Zusammenhang kann eine Synopsis von Beurteilungsfaktoren von Laboratoriumsresultaten (z. B. Tabelle 6.10) eine didaktisch nützliche Diskussionsgrundlage sein. Ziele der Beschäftigung mit Einflußgrößen und Störfaktoren sind: Kennen, Vermeiden, Gewichten, Kontrollieren, in die Beurteilung Einbeziehen.

Die Bedeutung des *prädiktiven Wertes* von positiven bzw. negativen Resultaten ist immer wieder neu zu vermitteln. Insbesondere geht es darum zu durchschauen, weshalb bei niedriger Prävalenz eines gesuchten Merkmals (z.B. HBs-Ag, HIV) eine Stufendiagnostik angezeigt ist. Der Screening-Test liefert bei einer Prävalenz von HIV-Positiven von 0,0006 (wie gegenwärtig in der Servicepopulation dieses Krankenhauses) zwangsläufig mehr falsch-positive (77,2 %) als echt-positive Resultate (22,8 %), obwohl er eine Sensitivität von 98,3 % und eine Spezifität von 99,8 % aufweist. Im solchermaßen selegierten Kollektiv kann der Bestätigungstest aus den positiven Resultaten die echt-positiven mit großer Sicherheit identifizieren, selbst wenn er wie im Zahlenbeispiel eine Sensitivität von nur 97 % aufweist.

Tabelle 6.10. Synopsis von Beurteilungsfaktoren bei einigen klin.-chem. Meßgrößen (vereinfacht nach [59])

	Alter	♀/♂	Hospitalisation	Circadiane Schwankungen	Specimen kapillär	Schwangerschaft	i.m. Injektion	Patient nicht nüchtern	Rauchen	Streß	Übergewicht
CK	−	=	+	=		−	+	=	=	↑	
ALAT	=	=	+	+−	=	=	=	−	=	−	
ASAT	=	=	+	+−	=	=	+	+	=	+	=
LDH	↓	=	+	+−	=	+	=	+	=	+	+
GGT	=	=	+	+−		=	=	=	=	=	
AP	↓	+	+	↑↓		↑	=	+	=	=	↑=
S-Amylas	+	=	=	=		+−	=	=	=	=	
S-Natrium	=	=	−	+−	+	−	=	=	=	+	
S-Kalium	↓	=	=	=	=	−	=	=	=	+	
S-Chlorid	=	=	−	+−	+	=	=	=	=	=	
S-Calcium	=	=	=	+−	+	−	=	+	=	+	=
S-Phosphat	↓	−	=	+−	−	+	=	+	=	↑	=
S-Bilirubin	+	−	+	+−	=	=	=	+	=	=	=
P-Glucose	+	=	↑	↑↓	=	+−	=	↑	+	+−	=
Cholesterol	+	−	−	+−	+	+−	=	+	+	+	+♂
Triglyceride	=	=	+	+−		+	=	↑	+	=	
S-Proteine	+	=	↓	↑↓	+	−	=	+	=	+	+♀
S-Harnstoff	+	+	=	+−	=	−	=	+	−	↑	=
S-Kreatinin	+	↑	+	+−	+	=	=	+	=	↑	
S-Harnsäure	+	+	+	+		−	=	+	−	=	↑
Eisen	=	*	+	+−		−	=	=	=		−

+ erhöht, ↑ klinisch signifikant; −erniedrigt, ↓ klinisch signifikant

Fallbeispiel: HIV-Antikörper				
Test	Prävalenz HIV-Antikörper	prädiktiver Wert pos.	neg.	Ziel
ELISA	0,0006	0,228	0,999	Ausschluß Negativer
Western blot	0,228	0,993	0,991	Bestätigung Positiver

Obsolete Tests: Bekanntlich ist es schwierig, obsolete Tests rational auszumerzen und durch bessere zu ersetzen [346]. Weder mit Zirkularen, geänderten Auftragsformularen noch mit präanalytischen Konsilien gelingt es zuweilen, die gewohnten Auftragsschemata zu beeinflussen. In solchen Fällen kann das gezielt angewandte postanalytische Konsilium zum Erfolg führen.

Aufwand: Eine angemessene Information über Zeitbedarf, Anforderungen an Geschicklichkeit des Personals und Kosten der angewandten Methoden ist Sache des klinischen Chemikers. Anhand des Vergleichs der eigenen Lieferfristen mit publizierten (z. B. Tabelle 6.11) lassen sich Schwachstellen der eigenen Organisation erkennen und nötigenfalls verbessern. Einer eigenen Rhythmik folgt die Befunderstellung in der Mikrobiologie: In der Regel sind am selben Tag mikroskopische und

Tabelle 6.11. Lieferzeiten (in Minuten) aus einer publizierten Umfrage [303]

	Kl.Laboratorien		Mittl.Laboratorien		Gr.Laboratorien	
	Spanne	Median	Spanne	Median	Spanne	Median
Ammoniak	30– 70	45	20– 90	45	45–120	60
Amylase	15– 60	25	15– 60	32	20–120	45
AP	20– 60	45	10– 60	20	10– 60	60
ASAT	15– 60	20	10– 45	20	20– 60	30
Bilirubin (Neugeborene)	10– 60	20	10– 60	22	20– 60	45
Blutgasanalyse	5– 25	15	5– 45	15	10–120	15
Calcium	15– 60	20	10– 60	28	20–120	35
CK	15– 60	15	10– 30	20	20– 60	30
Digoxin	10–180	45	45–180	90	120–120	120
Elektrolyte	15– 60	20	15– 60	22	10–120	30
B-Ethanol	15–120	30	20–120	45	20–120	60
Glucose	10– 60	15	10– 30	20	15–120	30
Harnstoff	15– 60	20	10– 60	20	20–120	35
Osmolalität	10– 15	15	10– 60	20	20–120	30
Tox-Screening	15–120	60	30–240	90	20–240	60
Differentialblutbild	5– 60	15	15– 60	20	8– 60	20
Direkter AHG	15– 60	15	5– 30	18	5– 60	20
Fibrinogen	15– 60	20	15– 60	30	15–120	30
B-Hämoglobin	15– 60	22	10–120	60	5– 90	38
Knochenmarkpräparation	35– 60	60	35– 60	60	60–120	60
PTT	15– 60	20	15– 60	30	20– 60	30
Thrombinzeit	20– 60	42	15– 45	28	25– 60	30
Thromboplastinzeit	15– 60	20	15– 60	25	20– 60	30
Thrombozyten	7– 60	30	17– 45	30	20– 90	30
L-Glucose	10– 60	15	6– 60	20	10– 90	30
Gramfärbung	5– 60	10	5– 20	15	5– 60	20
U-hCG	5–130	12	5–120	12	3– 60	12
L-Protein	10– 60	30	10– 60	20	10– 90	30
Urinanalyse	5– 60	15	8– 30	15	15– 60	30
L-Zellzählung	5– 60	10	5– 60	18	15– 60	25
Ziehl-Neelsen-Färbung	10– 60	25	15– 60	20	20– 60	30

serologische Daten verfügbar, am nächsten Tag vorläufige kulturell gewonnene Ergebnisse, am dritten Tag der definitive Befund samt Resistenzprüfung. In manchen Fällen, wie zum Beispiel bei der Kultur von Mycobacterium oder von Dermatophyten, kann der Zeitbedarf freilich wesentlich höher liegen.

Geografische Lokalisation von Laboratoriumsuntersuchungen: Was gehört „nearer the patient", zum „point of care", was dagegen ins Zentrallaboratorium? In einem weiteren Sinne auch: Welche Meßgrößen sollen in der Arztpraxis, welche dagegen im professionellen Privat- oder Spitallaboratorium bestimmt werden?

3.2 Dialog mit dem Pflegedienst

Im Beziehungsgefüge des Krankenhauses ist der Pflegedienst sicherlich neben dem ärztlichen Dienst der wichtigste Partner des Laboratoriums. Themen, die erfahrungsgemäß der regelmässigen Ueberprüfung und der Detailabsprache bedürfen, sind z.B. Minimierung von Specimenmengen in der Kinderklinik (insbesondere bei häufig gleichzeitig verordneten Meßgrößen wie Bilirubin/Hämatokrit etc.), Uringewinnung und -transport, Dezentralisierung von Bestimmungen (z. B. Glucose). Bei angemessener Pflege kann dieser Dialog in einem wesentlichen Ausmaß zur Fehlererkennung und -verhütung beitragen.

Fallbeispiel: Gerinnungsanalytik				
Datum	20.09	20.09	21.09	21.09
Zeit	19.01	21.30	07.56	11.30
Thromboplastinzeit (70 %)	22	19	95	96
PTT (bis 45 s)	> 2 min	> 2 min	30	43
Fibrinogen (2,0–4,0 g/L)				
Thrombinzeit (13–18 s)			17	6

Die vorliegenden Resultate bei einer 63jährigen „unbehandelten" Patientin erschienen am 20.09. unerklärlich und wurden als Laborfehler interpretiert. Die unverzügliche Wiederholung um 21.30 h desselben Tages bestätigte die ersten Befunde. Die ersten Resultate des folgenden Tages wurden durch die Klinik zunächst als „spontane Normalisierung" interpretiert, gaben aber dann doch Anlaß zu einem Konsilium mit dem Laboratorium. In Zusammenarbeit mit dem Pflegedienst ließ sich eruieren, daß der Patientin am 20.09 Heparin infundiert worden war, was die „pathologischen" Resultate erklärt.

Im Unterricht hat es sich bewährt, präanalytische Aspekte als *Fehlerquellen* darzustellen und im Zusammenhang mit den Verantwortungsbereichen im Krankenhaus (vgl. Abb. 1.4 und Tabelle 1.5) zu diskutieren (Tabelle 6.12). Es empfiehlt sich, dabei das Personal des Laboratoriums beizuziehen. Als Hilfsmittel stehen mittlerweile teilweise ausgezeichnete Videofilme zur Verfügung.

Nie sollte der Analytiker vergessen, daß Laboratoriumsresultate zwar für ihn zentral sind, in der Klinik aber eine problemorientierte Einstufung erfahren. Im Gesamtzusammenhang haben sie oft einen weit geringeren Stellenwert, und das Ziel der klinischen Tätigkeit ist nicht die Kosmetik von Krankengeschichten mit Hilfe von Labordaten, sondern die Behandlung von **Patienten**.

Tabelle 6.12. Nichtanalytische Fehlermöglichkeiten

Bereich	Schritt	mögliche Fehler
Klinik	Verordnung	Testselektion unzweckmäßig
		Intervall zwischen Wiederholungen unangemessen
		falscher Patient
		besondere Randbedingungen nicht vermerkt
	Ausführung	Verordnung verloren
		Patient nicht adäquat vorbereitet
		falscher Patient
		Patientenname falsch
		falsches Röhrchen
		Zeitpunkt ungünstig
		Haemolyse
		zu wenig Material
		Stauung zu lang
		Specimen mit Infusion kontaminiert/verdünnt
Transport	Transport	Specimen verloren
		Bedingungen nicht eingehalten
Laboratorium	Vorverarbeitung	Zentrifugationsbedingungen inkorrekt
		Röhrchen in Zentrifuge zerbrochen
		Probe falsch aliquotiert
		Probenröhrchen kontaminiert
		falsche Identifikation auf Probenröhrchen
		Haemolyse
		Probe falsch verteilt
	Aufbewahrung	Temperatur ungünstig
		Kontamination aus Stopfen
		Lichtexposition
		Ausfällung
	Arbeitsliste	Übertragungsfehler
		Probe vergessen
		Proben in falscher Reihenfolge
	Befunderstellung	Übertragungsfehler
		Übermittlungsfehler
		TAT nicht eingehalten

Bezugsquellen

Produkt	Deutschland	Österreich	Schweiz	USA
Blutentnahme				
arteriell				
Micro-sampler	AVL Medizintechnik GmbH Benzstr. 6 D-61352 Bad Homburg Tel. 06172 6067	AVL List GmbH Medizintechnik Kleiststr. 48 A-8020 Graz Tel. 0316 987 500	AVL Medical Instruments AG Stettemerstraße 28 CH-8207 Schaffhausen Tel. 053-34 16 66	
auf Filter-papier	Schleicher & Schüll GmbH Postfach 4 D-37586 Dassel Tel. 0 55 64 89 95	–	Schleicher & Schüll AG Lörracherstr. 50 CH-4125 Riehen Tel. 061-67 69 00	
Hautblutentnahme				
Minilet	Bayer Diagnostic GmbH Weissenseestr. 101 D-81539 München Tel. 89 69 92 70	Bayer Austria GmbH Lerchenfelder-gürtel 9–11 A-1164 Wien 222 711 46	Bayer (Schweiz) AG Postfach CH-8045 Zürich Tel. 01-465 82 80	
Tenderfoot®				International Technidyne Corp. 23 Nevsky Street Edison, NJ 08820 Tel. 800 631. 5945 / 201 548 6677
Hyperämisie-rungscrème Mydalgan	in Apotheken erhältlich	in Apotheken erhältlich	Sanofi Pharma AG Postfach CH-4009 Basel Tel. 061-416 16 16	
für Pädiatrie				
Microtainer®	Becton-Dickinson GmbH Tullastr. 8-12 D-69126 Heidelberg Tel. 06221 305 0	Laevosan Gesellschaft mbH Postfach 316 A-4021 Linz Tel. 0732 27 82 31	Aichele Medico AG Kannenfeldstr. 56/54 CH-4012 Basel Tel. 061-44 44 54	

Produkt	Deutschland	Österreich	Schweiz	USA
Minivette®	Sarstedt Rommelsdorf D-51588 Nümbrecht Tel. 022 933 050	Sarstedt Ges.mbH IZ Süd Objekt 58/A/1 Straße 7 A-2355 Wiener Neudorf Tel. 02 366 1683	Sarstedt AG Bahnweg CH-9475 Sevelen Tel. 081-7 85 22 32	
Venenblutentnahme				
Monovette®	Sarstedt Rommelsdorf D-51588 Nümbrecht Tel. 022 933 050	Sarstedt Ges.mbH IZ Süd Objekt 58/A/1 Straße 7 A-2355 Wiener Neudorf Tel. 022 366 1683	Sarstedt AG Bahnweg CH-9475 Sevelen Tel. 081-7 85 22 32	
pyrogenfrei KabiTube ET®	Pharmacia Biosystems GmbH Kabi Diagnostica Munzingerstr. 9 D-79111 Freiburg Tel. 0741 49030	Kabi Pharmacia Ges. mbH Oberlaaer Straße 251 A-1101 Wien Tel. 0168 66 25 214	ENDOTELL Dr. Jaeggi und Partner Postfach CH-4013 Bottmingen Tel. 061-401 07 87	
Vacuette®	Greiner GmbH Maybachstr. 2 D-72636 Frickhausen Tel. 07022 501-0	Greiner + Söhne GmbH Postfach 6 A-4550 Kremsmünster Tel. 07583 67 91-0	Huber + Co. AG Laborbedarf Blumenstr. 1–3 CH-4153 Reinach Tel. 061-7 11 99 77	
Vacutainer®	Becton-Dickinson GmbH Tullastr. 8–12 D-69126 Heidelberg Tel. 06221 305 0	Laevosan Gesellschaft mbH Postfach 316 A-4021 Linz Tel. 0732 27 82 31	Aichele Medico AG Kannenfeldstr. 56/54 CH-4012 Basel Tel. 061-44 44 54	
Venoject II	Terumo GmbH Lyoner Str. 11a D-60528 Frankfurt/M. Tel. 06966 44 20	Odelga Koppstr. 103 A-1171 Wien Tel. 019 52 53 60	Cosanum AG Rütistr. 14 CH-8952 Schlieren Tel. 01-730 99 93	
Video Blood Collection, Cat.#KL47-9-051-VH				ASCP Press P.O. Box 12075 Chicago, IL 60612 Tel. 1-800-621-4142

Mikrobiologie

Produkt	Deutschland	Österreich	Schweiz	USA
Abstrich- Besteck	Becton Dickinson GmbH Tullastr. 8–12 D-69126 Heidelberg Tel. 06221 305169		E. Merck (Schweiz) AG Rüchligstr. 20 CH-8953 Dietikon Tel. 01-741 14 44	
Blutkulturen	Becton-Dickinson GmbH Tullastr. 8-12 D-69126 Heidelberg Tel. 06221 305 0	Laevosan Gesellschaft mbH Postfach 316 A-4021 Linz Tel. 0732 27 82 31	Becton-Dickinson AG Postfach CH-4002 Basel Tel. 061-322 57 17	

Produkt	Deutschland	Österreich	Schweiz	USA
Blutkulturen	UNIPATH GmbH Am Lippeglacis D-46483 Wesel Tel. 0281 1520	Dr. F. Bertoni GmbH Gudrunstr. 27 A-1100 Wien Tel. 01604 9041	Fakola AG Postfach CH-4002 Basel Tel. 061-271 66 6	
Transport- medium Port-A-Cul	Becton Dickinson GmbH Tullastr. 8-12 D-69126 Heidelberg Tel. 06221 3 05-0	Laevosan Gesellschaft mbH Postfach 316 A-4021 Linz Tel. 0732 27 82 31	Becton-Dickinson AG Postfach CH-4002 Basel Tel. 061-322 57 17	
Urinkulturen	Becton Dickinson GmbH Tullastr. 8-12 D-6900 Heidelberg Tel. 06221 3 05-0	Laevosan Gesellschaft mbH Postfach 316 A-4021 Linz Tel. 0732 27 82 31	Becton-Dickinson AG Postfach CH-4002 Basel 061-322 57 17	
Mikro- konzentrator Centricon	Amicon GmbH Salinger Feld 32 D-58454 Witten Tel. 02 302 801996-99	Grace AG Division Amicon Postfach CH-8304 Wallisellen Tel. 01-830 44 03	Grace AG Division Amicon Postfach CH-8304 Wallisellen Tel. 01-830 44 03	W.R. Grace & Co. Amicon Division 24 Cherry Hill Drive Danvers, MA 01923 Tel. 508 777 3622
Serumklärung Seroclear			Calbiochem AG Postfach CH-6000 Luzern 5 Tel. 041-51 16 51	
Speichel- gewinnung Salivette[R]	Sarstedt Rommelsdorf D-51588 Nümbrecht Tel. 022933 050	Sarstedt Ges.mbH IZ Süd, Objekt 58/A/1 Straße 7 A-2355 Wiener Neudorf Tel. 022 366 1683	Sarstedt AG Bahnweg CH-9475 Sevelen Tel. 081-7 85 22 32	
Sperma- Sampler	–	–	Telast SA Case postale CH-1028 Préverenges Tel. 021-801 38 47	
Stuhl- röhrchen Bio Separ	Polikon GmbH Schusterinsel 7 D-79576 Weil am Rhein Tel. 07621 70021/22	–	Polygon Diagnostics Postfach 218 CH-6014 Littau-Luzern Tel. 041-57 53 59	
Stuhlsammler Protocult P.				ABC Medical Enterprises P.O. Box 6938 Rochester, MN 55903-6938 Tel. (507) 281-6262

Produkt	Deutschland	Österreich	Schweiz	USA
Urin				
Urinbecher	Madaus Diagnostik Dr. Madaus GmbH & Co. Ostmerheimer Str. 198 D-51109 Köln	Madaus AG Postfach 42 A-1171 Wien	Biomed AG Postfach CH-8600 Dübendorf Tel. 01-820 20 30	
Urinklebe- beutel U-Bag	Hollister Incorporated Münchner Str. 16 D-81379 München Tel. 089 957 106-0	–	Globopharm AG Seestr. 200 CH-8700 Küsnacht ZH Tel. 01-910 50 04	
Sammel- flasche	–	–	Semadeni AG Postfach 100 CH-3072 Ostermundigen Tel. 031-51 35 33	
Sammel- flasche mit Temperatur- fühler	DRG Instrument AG Frankfurterstr. 59 D-35037 Marburg Tel. 064 21 23 005	DRG Diagnostika Geigergasse 11 A-1050 Wien Tel. 022 254 16 42	DRG AG Postfach 264 CH-8157 Dielsdorf Tel. 01-853 36 26	
Versand- Packungen	Sarstedt Rommelsdorf D-51588 Nümbrecht Tel. 022 933 050	Sarstedt Ges.mbH IZ Süd, Objekt 58/A/1 Straße 7 A-2355 Wiener Neudorf Tel. 022 366 1683	Sarstedt AG Bahnweg CH-9475 Sevelen Tel. 081-7 85 22 32	
für Kühl- transport	Sarstedt Rommelsdorf D-51588 Nümbrecht Tel. 022 933 050	Sarstedt Ges.mbH IZ Süd Objekt 58/A/1 Straße 7 A-2355 Wiener Neudorf Tel. 022 366 1683	Sarstedt AG Bahnweg CH-9475 Sevelen Tel. 081-7 85 62 32	

Glossar

Analytik Zerlegung eines Ganzen in seine Teile, im vorliegenden Zusammenhang Ermittlung der Bestandteile von Gemengen nach Art und Menge.

Antigen Bezeichnung für eine Substanz, die vom Immunsystem erkannt wird und eine Immunantwort auslöst.

Antikörper Immunglobuline (Proteine), welche vom Körper als spezifische Antwort auf jedes Antigen gebildet werden.

Bestimmung Ermittlung der Zahl der vorhandenen Analyt-Partikel

DNA Genetischer Code für die Proteinbiosynthese und damit funktionell für die Erbmerkmale

Einflußgröße Faktor, der in vivo zu qualitativen oder quantitativen Veränderungen der zu messenden Systemkomponente führt

Enzym Protein, welches als Biokatalysator in der lebenden Zelle Stoffwechselvorgänge bewirkt und beschleunigt. Diagnostisch als Marker für Zellschädigung, analytisch als Reagens genutzt.

Erythrozyten rote Blutkörperchen

Genauigkeit Oberbegriff über die Kenngrößen der analytischen Leistungsfähigkeit einer Methode, hauptsächlich bestimmt durch Impräzision, Unrichtigkeit, Sensitivität, Spezifität

Gute Laborpraxis Durchführung von Laboratoriumsuntersuchungen mit qualifiziertem Personal und nach anerkannten Standards von Präanalytik, Analytik, Qualitätssicherung, Ökologie und Sicherheit.

Hämolyse Austreten von Bestandteilen der Erythrozyten ins Plasma

Hygiene Maßnahmen, um die Mitarbeiter vor unerwünschten chemischen, physikalischen, biologischen Einflüssen zu schützen und Kontamination von Specimen zu verhindern.

Impräzision Maß für die Streuung von Meßresultaten um ihren Mittelwert

in vitro im Laboratorium

in vivo im lebenden Organismus

Leukozyten weiße Blutkörperchen

Lieferfrist Zeit zwischen dem Eintreffen eines Specimens im Laboratorium und der Verfügbarkeit eines Resultats

Maßeinheit zum Zwecke der quantitativen Angabe von Größen definierte Bezugsgröße

Matrix Material, in dem verschiedene Bestandteile (im vorliegenden Fall: die Meßgrößen) eingebettet sind

Nachweis Identifizierung einer Meßgröße in einem Gemenge

prädiktiver Wert
eines neg. Resultats: Anteil der echt-negativen Testresultate an allen negativen Resultaten
eines pos. Resultats: Anteil der echt-positiven Testresultate an allen positiven Resultaten

Probe Diejenige Teilmenge (Subsystem) des Specimens, die tatsächlich für die Analyse eingesetzt wird

Protein für Organismen essentieller, aus Aminosäuren durch peptidische Bindung aufgebauter Naturstoff

Referenzintervall Wertebereich einer Meßgröße, auf den der aktuelle Messwert bezogen wird, im klinischen Laboratorium häufig zwischen der 2,5. und 97,5. Perzentile

Resultat (einer Messung oder Schätzung) allgemeine Bezeichnung für das Ergebnis eines analytischen Vergleichs

Sensitivität Wahrscheinlichkeit für ein positives Testresultat bei Kranken

Specimen Derjenige Teil eines Systems, der für die Untersuchung zur Verfügung steht

Spezifität Wahrscheinlichkeit für ein negatives Testresultat bei Nichtkranken

Störfaktor Faktor, welcher die Konzentration der zu messenden Systemkomponente in vitro verändert oder die Analytik stört

Test, diagnostischer Gesamtheit der Analysenarbeiten zur Ermittlung eines Laborresultats.

therapeutisches drug monitoring Bestimmung von Arzneimitteln im Blut mit dem Ziel einer optimalen Dosierung

Toxikologie, Klin. Bestimmung oder Nachweis von Giften in Specimen von Patienten

Unrichtigkeit Differenz zwischen dem Mittelwert und dem wahren Wert bei einer Gruppe von Meßresultaten

Virus Mikroorganismus ohne eigenen Stoffwechsel, welcher als „genetischer Parasit" lebende Zellen infiziert und sich darin vermehrt.

Literatur

1. Abalan F, Schweiger K, Hecquet D, Brachet A, Sousselier M, Rigal F. Effect of Posture on Imipramine and Desipramine Plasma Concentrations. J Clin Psychopharmacol 1990; 10:301–302 (Letter)
2. Abraham KP, Tunney PJ, Corliss JW, Ulirsch RC, Schumacher HR. Effects of Cardiac and Noncardiac Surgery on Peripheral Blood Cell Counts and Morphology. Lab Med 1989; 20: 311–314
3. Adlercreutz H. Western diet and Western diseases: some hormonal and biochemical mechanisms and associations. Scand J Clin Lab Invest 1990; 50 Suppl 201:3–23
4. Ahlquist DA, Schwartz S, Isaacson J, Ellefson M. A Stool Collection Device: The First Step in Occult Blood Testing. Ann Intern Med 1988; 108:609–612
5. Ahmad T, Vickers D, Campbell S, Coulthard MG, Pedler S. Urine collection from disposable nappies. Lancet 1991; 338:674–676
6. Alexander H. Postal Regulations for the Shipment of Etiologic Agents and Clinical Specimens. Clin Microbiol Newsletter 1991; 13(4):28–30
7. Alexander S. Physiologic and Biochemical Effects of Exercise. Clin Biochem 1984; 17:126–131
8. Allen RA, Kluft C, Brommer EJP. Acute effect of smoking on fibrinolysis. Eur J Clin Invest 1984; 14:354–361
9. Alström T, Dahl M, Gräsbeck R, Hagenfeldt L, Hertz H, Hjelm M et al. Recommendation for collection of skin puncture blood from children, with special reference to production of reference values. Scand J Clin Lab Invest 1987; 47:199–205
10. Ames AC. Chemistry of marathon running. J Clin Pathol 1989; 42:1121–1125
11. Appel W. Notfalldiagnostik-Notfallpatient. mta 1987; 2:789–792
12. Ash KO, Clark SJ, Sandberg LB, Hunter E, Woodward SC. The Influences of Sample Distribution and Age on Reference Intervals for Adult Males. Am J Clin Pathol 1983; 79:574–581
13. Bärtsch P, Haeberli A, Franciolli M, Kruithof EKO, Straub PW. Coagulation and fibrinolysis in acute mountain sickness and beginning pulmonary edema. J Appl Physiol 1989; 66:2136–2144
14. Bagga OP, Gandhi A, Bagga S. A Study of the Effect of Transcendental Meditation and Yoga on Blood Glucose, Lactic Acid, Cholesterol, and Total Lipids. J Clin Chem Clin Biochem 1981; 19:607–608 (Abstract)
15. Bailey IR, Page KB, Jones RG, Payne RB, Little AJ. Mnemonic coding system for clinical data entry into laboratory computers: Its effect on quality and efficiency. J Clin Pathol 1991; 44: 1018–1021
16. Bain B, Seed M, Godsland I. Normal values for peripheral blood white cell counts in women of four different ethnic origins. J Clin Pathol 1984; 37:188–193
17. Ballantyne FC, Borland W, Birrell RC, Davidson H. Haemolysis and plasma akaline phosphatase activity. Ann Clin Biochem 1988; 25:192–193
18. Balschun D, Burchardt U, Klagge M, Stein W. Infradian Rhythms of Alanine Aminopeptidase Excretion During Gentamicin Therapy. Eur J Clin Chem Clin Biochem 1992; 29: 783–786
19. Baron DN. Radial presentation of results of blood acid-base analyses. Ann Clin Biochem 1985; 22: 359–361
20. Bässler U. Irrtum und Erkenntnis. Springer, Berlin/Heidelberg/New York 1991
21. Bellamy GJ, Hinchliffe RF. Effect of storage on blood variables in small samples. Med Lab Sci 1990; 47:230–233
22. Berg B, Estborn B, Tryding N. Stability of Serum and Blood Constituents During Mail Transport. Scand J Clin Lab Invest 1981; 41:425–430

23. Bleuler E. Das autistisch-undisziplinierte Denken in der Medizin und seine Ueberwindung. 5. Aufl., Springer, Berlin/Heidelberg/New York 1966
24. Blumsohn A, Morris BW, Griffiths H, Ramsey CF. Stability of β_2-microglobulin and retinol binding protein at different values of pH and temperature in normal and pathological urine. Clin Chim Acta 1990; 195:133–138
25. Böhme HR, Ludewig R. Zur Beeinflussung der Laboratoriumsdiagnostik durch Arzneimittel. Z med Lab diagn 1981; 22:76–82
26. Böhme HR, Böhme M, Brox I, Fischer P, Lorenz R, Schmidt B. Zur Beeinflussung ausgewählter häufiger Laborparameter durch Ethanol, Coffein und Nicotin. Z med Lab diagn 1986; 27: 339–346
27. Boink ABTJ, Buckley BM, Christiansen TF, Covington AK, Maas AHJ, Müller-Plathe O et al. IFCC Recommendation on Sampling, Transport and Storage for the Determination of the Concentration of Ionized Calcium in Whole Blood, Plasma and Serum. Eur J Clin Chem Clin Biochem 1991; 29:767–772
28. Booth S, Clifton PM, Neutel PJ. Lack of Effect of Acute Alcohol Ingestion on Plasma Lipids. Clin Chem 1991; 37: 1649 (Abstract)
29. Boudou P, Fiet J, Laureaux C, Patricot MC, Guezennec CY, Foglietti MJ et al. Variations de quelques constituants plasmatiques et urinaires chez les marathoniens. Ann Biol Clin 1987; 45: 37–45
30. Brackertz D. Welche Relevanz haben HLA-Antigen-Bestimmungen in der Diagnostik rheumatischer Erkrankungen? EULAR Bull 1987; 1:6–14
31. Braun BE, Goes R, Tryba M, Hüppe D, Kuntz HD, Krieg M. Anstieg der Cholinesterase-Aktivität bei Patienten mit dekompensierter Leberzirrhose nach Gabe von gerinnungsaktivem Frischplasma. Lab med 1991; 15:485–489
32. Britschgi F, Zünd G. Bodybuilding: Hypokaliämie und Hypophosphatämie. Schweiz Med Wochenschr 1991; 121:1163–1165
33. Brock A. Influence of body weight, height, and age on interindividual variation of plasma cholinesterase acitivity. Diagnostyka Laboratoryjna 1991; 27: 103 (Abstract)
34. Broomhall J. A reliable, non-invasive technique for obtaining urine samples from babies. Br Med J 1985; 290:30 (Letter)
35. Bruck E. Percutaneous Collection of Arterial Blood for Laboratory Analysis. NCCLS H11-A, Villanova 1985
36. Bruck E. Procedures for the Collection of Diagnostic Blood Specimens by Skin Puncture. NCCLS H4-A3, Villanova 1991
37. Bucher U, Beck EA. Die einfachen hämatologischen Laboruntersuchungen. Huber, Bern 1978
38. Burns ER. Development and Evaluation of a New Instrument for Safe Heelstick Sampling of Neonates. Lab Med 1989; 20:481–483
39. Burtis CA. Sample Evaporation and Its Impact on the Operating Performance of an Automated Selective-Access Analytical System. Clin Chem 1990; 36: 544-546
40. Burtis CA, Watson JS. Design and Evaluation of an Anti- Evaporative Cover for Use with Liquid Containers. Clin Chem 1992; 38:768–775
41. Büttner H. Fehleruntersuchungen bei klin.-chem. Analysen. Z klin Chem 1965; 3:69–74
42. Büttner J. „Le sanctuaire réel." Die Enstehung klinischer Laboratorien im 19. Jahrhundert. Mitt DGKC 1990; 21:53–60
43. Büttner J. Klinische Chemie: Berufsfeld für Mediziner und Naturwissenschafter. Mitt DGKC 1990; 21:162–171
44. Büttner J. Reference Methods as a Basis for Accurate Measuring Systems. Eur J Clin Chem Clin Biochem 1991; 29:223–235
45. Büttner J. Laboratoriumsbefunde: Struktur, Validität und Bedeutung für ärztliche Erkenntnisprozesse. Mitt DGKC 1991; 22:185–200
46. Calam RR. Procedures for the Handling and Processing of Blood Specimens. NCCLS H18-A, Villanova 1990
47. Cembrowski GS. The Pursuit of Quality in Clinical Laboratory Analyses. Clin Chem 1990; 36: 1602–1604 (Editorial)
48. Chamberlain TR. Chain of Custody: Its Importance and Requirements for Clinical Laboratory Specimens. Lab Med 1989; 20:477–480
49. Chambers AM, Elder J, O'Reilly DStJ. The blunderrate in a clinical biochemistry service. Ann Clin Biochem 1986; 23:470–473

50. Chan AYW, Ho CS, Cockram CS, Swaminathan R. Handling of Blood Specimens for Glucose Analysis. J Clin Chem Clin Biochem 1990; 28:185–186
51. Chatron P, Legrand A, Peynet J, Rousselet F. Influence de la stase veineuse sur les concentrations des constituants biochimiques sériques ou plasmatiques. Info Sci Biol 1988; 14:465–468
52. Chernow B, Alexander HR, Smallridge RC, Thompson WR, Cook D, Beardsley D et al. Hormonal response to graded surgical stress. Arch Intern Med 1987; 147:1273–1278
53. Clagg ME. Venous Sample Collection from Neonates Using Dorsal Hand Veins. Lab Med 1989; 20:248–250
54. Clerico A, Giammattei C, Cecchini L, Lucchetti A, Cruschelli L, Penno G et al. Exercise-induced Proteinuria in Well-Trained Athletes. Clin Chem 1990; 36:562–564
55. Cohen A. Effect of Time on Hematologic Values in Prediluted Capillary and Venous Blood. Am J Clin Pathol 1980; 74:306–307
56. Columbus RL, Palmer HJ. The Integrated Blood-Collection System as a Vehicle into Complete Clinical Laboratory Automation. Clin Chem 1991; 37:1548–1556
57. Copeland B, Dyer BJ, Pesce AJ. Hemoglobin by First Derivative Spectrometry: Extent of Hemolysis in Plasma and Serum Collected in Vacuum Container Devices. Ann Clin Lab Sci 1989; 19: 383–388
58. Cornélissen G, Halberg F. Broadly Pertinent Chronobiology Methods Quantify Phosphate Dynamics in Blood and Urine. Clin Chem 1992; 38:329–333 (Editorial)
59. Costongs GMPJ, Janson PCW, Brombacher PJ. Effects of Biological and Analytical Variations on the Appropriate Use of „Reference Intervals" in Clinical Chemistry. J Clin Chem Clin Biochem 1984; 22:613–621
60. Costongs GMPJ, Janson PCW, Bas BM, Hermans J, van Wersch JWJ, Brombacher PJ et al. Short-Term and Long-Term Intraindividual Variations and Critical Differences of Clinical Chemical Laboratory Parameters. J Clin Chem Clin Biochem 1985; 23:7–16
61. Culebras A, Miller A, Bertram L, Koch J. Differential response of growth hormone, cortisol, and prolactin to seizures and to stress. Epilepsia 1987:564–570
62. Daae LNW, Halvorsen S, Mathesen PM, Mironska K. A comparison between haematological parameters in "capillary" and venous blood from healthy adults. Scand J Clin Lab Invest 1988; 48:723–726
63. Dacie JV, Lewis SM. Practical Haematology. 7th ed., Churchill Livingstone, London 1991
64. Das I. Raised C-reactive protein levels in serum from smokers Clin Chim Acta 1985; 153:9–13
65. Delanghe J, De Slypere JP, De Buyzere M, Robbrecht J, Wieme R, Vermeulen A. Reference Values for Creatine, Creatinine, and Carnitine are Lower in Vegetarians. Clin Chem 1989; 35:1802–1803 (Letter)
66. Descombes E, Perriard F, Fellay G. Diffusion kinetics of urea, creatinine and uric acid in blood during haemodialysis. Clin Nephrol (in press)
67. Devgun MS, Dunbar JA, Hagart J, Martin BT, Ogston SA. Effects of Acute and Varying Amounts of Alcohol Consumption on Alkaline Phosphatase, Aspartate Transaminase, and Gamma- Glutamyltransferase. Alcoholism 1985; 9:235–237
68. Devgun MS, Dilhon HS. Importance of diurnal variations on clinical value and interpretation of serum urate measurements. J Clin Pathol 1992; 45:110–113
69. Dick JBC, Bartlett WA, Ibrahim U, Coleiro JA. Interference of fluorescein with creatinine assays. Ann Clin Biochem 1991: 28:311–313
70. Dietze F. Die notwendige enge Zusammenarbeit zwischen den Fachdisziplinen Krankenpflege und Pathobiochemie/Laboratoriumsdiagnostik. Z med Lab diagn. 1987; 28:170–172
71a. Dörner K. Kapillarblutentnahme bei Neugeborenen. Mitt DGKC 1991; 22:66–73
71b. Dot D, Miró J, Fuentes-Arderju X. Within-Subject Biological Variation of Hematological Quantities Goals. Arch Pathol Lab Med 1992; 116:825–826
72. Doumas BT, Hause LL, Simuncak DM, Breitenfeld D. Differences between Values for Plasma and Serum in Tests Performed in the Ektachem 700 XR Analyzer, and Evaluation of "Plasma Separator Tubes". Clin Chem 1989; 35:151–153
73. Duggan PF, Hurley T, Martin N. Centrifugation Speeds and the Removal of Platelets from Heparinized Plasma. Clin Chem 1985; 31:1082–1083 (Letter)
74. Dugué B, Leppänen EA, Zhou HP, Gräsbeck R. Preanalytical factors and standardized specimen collection: influence of psychological stress. Scand J Clin Lab Invest 1992; 52:43–50

75. Eichhorn JE. Blood Gas Preanalytical Considerations: Specimen Collection, Calibration, and Controls. NCCLS C27-T, Villanova 1989
76. Einer G, Zawta B. Präanalytikfibel. 2. Aufl., J.A. Barth, Leipzig/Heidelberg 1991
77. Evans RS. Application of Artificial Intelligence in Clinical Microbiology. Clin Microbiol Newsletter 1991; 13:25–28
78. Fareed J, Walenga JM, Hoppensteadt D, Bermes EW. Recombinant Hirudin as an Anticoagulant for Clinical Laboratory Blood Sample Collection. Clin Chem 1990; 36: 1119 (Abstract)
79. Feinberg EJ, Steinberg WM, Banks BL, Henry JP. How Long to Abstain from Eating Red Meat before Fecal Occult Blood Tests. Ann Intern Med 1990; 113:403–404
80. Feldman C, Joffe B, Panz VR, Levy H, Walker L, Kallenbach JM et al. Initial hormonal and metabolic profile in critically ill patients with community-acquired lobar pneumonia. S Afr Med J 1989; 76:593–596
81. Fernandez-Cano P, Labbe RF. Specimen Collection for Urinary Porphyrin Studies. Clin Chim Acta 1983; 132:317–320
82. Follath F, Dayer P, Galeazzi RL. Messung der Serumkonzentration von Medikamenten. In: Morant J, Ruppanner H, Herausgeber. Arzneimittelkompendium. 12. Aufl., Documed, Basel 1991: 43–49
83. Fonseca-Wollheim F. Deamidation of Glutamine by Increased Plasma gamma-Glutamyltransferase Is a Source of Rapid Ammonia Formation in Blood and Plasma Specimens. Clin Chem 1990; 36:1479–1482
84. Ford RP. Essential data derived from biological variation for establishment and use of lipid analyses. Ann Clin Biochem 1989; 26:281–285
85. Fraser CG. Desirable Performance Standards for Clinical Chemistry Tests. In Latner AL, Schwartz MK, Editors. Advances in Clinical Chemistry, Vol. 23, Academic Press, New York 1983: 299–339
86. Fraser CG. Interpretation of Clinical Chemistry Laboratory Data. Blackwell Sci. Publications, Oxford 1986
87a. Fraser CG. Analytical Goals are Applicable to All. JIFCC 1990; 2:84–85
87b. Fraser CG, Biological Variation in Clinical Chemistry. Arch Pathol Lab Med 1992; 116:916–923
88. Fraser CG, Woodford FP. Strategies to modify the test requesting patterns of clinicians. Ann Clin Biochem 1987; 24:223–231
89. Fraser CG, Hyltoft Petersen P, Ricos C, Haeckel R. Proposed Quality Specifications for the Imprecision and Inaccuracy of Analytical Systems for Clinical Chemistry. Eur J Clin Chem Clin Biochem 1992; 30:311–317
90. Frayn KN, Macdonald IA. Methodological Considerations in Arterialization of Venous Blood. Clin Chem 1992; 38:316–317 (Letter)
91. Frey-Wettstein M, Barandun S, Bucher U, Bütler R, Metaxas M. Die Bluttransfusion. Karger, Basel 1986
92. Friedman RB, Young DS. Effects of Disease on Clinical Laboratory Tests. 2nd ed., AACC Press, Washington 1989
93. Fuller NJ, Elia M. Factors influencing the production of creatinine: implications for the determination and interpretation of urinary creatinine and creatine in man. Clin Chim Acta 1988; 175: 199–210
94. Gambino R, Mallon P, Woodrow G. Managing for Total Quality in a Large Laboratory. Arch Pathol Lab Med 1990; 114:1145–1148
95. Gerhard W, Herrmann J, Goworek K. Stabilisierung von Erythrozyten- und Leukozytensuspensionen für konduktometrische Messungen. Lab med 1991; 15:228–229
96. Giampietro O, Clerico A, Cruschelli L, Penno, Navalesi R. Microalbuminuria in Diabetes Mellitus: More on Urine Storage and Accuracy of Colorimetric Assays. Clin Chem 1989; 35:1560–1562
97. Gidlow DA, Church JF, Clayton BE. Seasonal variations in haematological and biochemical parameters. Ann Clin Biochem 1986; 23:310–316
98. Glick MR, Ryder KW, Glick SJ, Woods JR. Unreliable Visual Estimation of the Incidence and Amount of Turbidity, Hemolysis, and Icterus in Serum from Hospitalized Patients. Clin Chem 1989; 35:837–839
99. Gnauck R. Praktische Erfahrungen mit der Stuhltestung auf okkultes Blut.Schweiz Med Wochenschr 1983; 113:528–534

100. Goldschmidt HMJ, ten Voorde LJF, Leijten JF, Vuysters FAM. Tijdsafhankelijkheden binnen de klinische Chemie in statistisch perspectif. Tijdschr NVKC 1987; 13:9–16

101. Göttlicher S, Madjaric J. Neue Ergebnisse zur Frage eines Zusammenhangs zwischen oraler Kontrazeption und vaginalem Sprosspilzbefall. Geburtshilfe Frauenheilkd 1981; 41:630–634

102. Gowans EMS, Fraser CG. Biological variation of serum and urine creatinine and creatinine clearance: ramifications for interpretation of results and patient care. Ann Clin Biochem 1988; 25: 259–263

103. Gräsbeck R. Reference values, why and how. Scand J Clin Lab Invest 1990; 50 Suppl 201:45–53

104. Gräsbeck R, Alström T, Editors. Reference Values in Laboratory Medicine. John Wiley & Sons, Chichester/New York 1981

105. Gralnick HR. Collection, Transport, and Preparation of Blood Specimens for Coagulation Testing and Performance of Coagulation Assays. NCCLS H21-A, Villanova 1986

106. Greenberg ER, Beck JR. The effects of Sample Size on Reticulocyte Counting and Stool Examination. Arch Pathol Lab Med 1984; 108:396–398

107. Gressner AM. Labormedizinische Untersuchungen bei gastroenterologischen Notfällen – Nötiges und Unnötiges in der Akutdiagnostik. Klin Lab 1991; 37:313–319

108. Griffiths PD. CK-MB: a valuable test? Ann Clin Biochem 1986; 23:238–242

109. Gross R. Medizinische Diagnostik – Grundlagen und Praxis. Springer, Berlin/Heidelberg/New York 1969

110. Guder WG. Einflussgrössen und Störfaktoren bei klinisch- chemischen Untersuchungen. Internist 1980; 21:533–542

111. Guder WG. Standardisierung von Verfahren der Probennahme und Probenvorbereitung. Lab med 1981; 5:A+B 233–235

112. Guder WG, Wahlefeld AW. Specimens and Samples in Clinical Laboratory Sciences. In Bergmeyer HU, Editor. Methods of Enzymatic Analysis. 3rd ed., vol. II, Verlag Chemie, Weinheim 1983: 2–20

113. Guder WG, Wisser H. Verhalten von Blutbestandteilen während des Transportes und der Lagerung von Untersuchungsgut. Mitt DGKC 1990; 21:4–13

114. Guder WG, Edel HH, Schmidt D, Hofmann W. Graphische Befundgestaltung bei der Urineiweissdifferenzierung. Eur J Clin Chem Clin Biochem 1991; 29:632 (Abstract)

115. Gutzwiller F. Epidemiologie und tägliche Praxis. Sandorama 1987; 1:31–33

116. Gutzwiller F, Bertel O, Darioli R, Epstein FH, Hartmann G, Keller U et al. Lipide und die Prävention der koronare Herzkrankheit: Diagnostik und Massnahmen. Schweiz Aerztezeitung 1989; 70: 1279–1292

117. Haeckel R, Pocklington P. Rationelle Gestaltung des Anforderungsformulars für klinisch-chemische Analysen. LaborMedizin 1980; 3: 392-396

118. Haeckel R, Colic D, Dirks H. Bestimmung der Sekretionskinetik von Cortisol durch Speicheluntersuchungen. Lab med 1985; 9: 159 (Abstract)

119. Hagemann P. Transport von Blutproben mit der Rohrpost. Med Labor 1976; 29: 300-305

120. Hagemann P. Auftrag/Specimen/Befund: Bindeglieder zwischen Klinik und Laboratorium. GIT Verlag, Darmstadt 1989

121. Hagemann P. Standardisierungsstufen. SWISS MED 1991; 13: 33-37

122. Hagemann P. Unsere Dienstleistungen. Zentrallaboratorium der Thurgauischen Kantonsspitäler, Frauenfeld 1994

123. Hagemann P, Kahn SN. Significance of Low Concentrations of Creatinine in Serum from Hospital Patients. Clin Chem 1988; 34:2311–2312

124. Hagemann P, Siegrist M. Verfälschungsstoffe beim Drogennachweis. Lab med 1990; 14:116–120

125. Hagemann P, Vonderschmitt DJ. Laboratory Requests. In: Vonderschmitt DJ, editor: Laboratory Organization. De Gruyter, Berlin/New York 1991:119–140

126. Hagemann P, Reimann IW. Arzneimittel und Laborwerte. Wissenschaftliche Verlagsgesellschaft mbH, Stuttgart 1992

127. Halvorsen R, Vassend O. Effects of examination stress on some cellular immunity functions. J Psychosom Res 1987; 31:693–701

128. Hannon WH. Blood Collection on Filter Paper for Neonatal Screening Programs. NCCLS LA4-A, Villanova 1988

129. Harm K, Rank K, Hagemann J, Voigt KD. Untersuchungen zur Variation von Serumbestandteilen über Zeitabschnitte von drei bis acht Jahren. Aerztl Lab 1985; 31:33–48

130. Harm K, Zeiser T. 24-h-Ausscheidung und Morgenurinkonzentration klinisch-chemischer Urinkomponenten bei Nierenerkrankungen. Aerztl Lab 1988; 34:111–117

131. Harrop JS, Ashwell K, Hopton MR. Circannual and within-individual variation of thyroid function tests in normal subjects. Ann Clin Biochem 1985; 22:371–375

132. Hastka J. Einrichtung und Verfahren zur einfachen Herstellung von Liquorpräparaten. Lab med 1991; 15:404–405

133. Heller S. Kriterien der hämatologischen INSTAND-Ringversuche. In: Heller S, Koeppen KM, Schütz W, Herausgeber. Trends in der Hämatologie. TOA Medical Electronics, Hamburg 1990: 47–59

134. Henderson AR. The Test Request Form: A Neglected Route for Communication between the Physician and the Clinical Chemist? J Clin Pathol 1982; 35:986–998

135. Herren C, Bucher U. Wie lange ergeben aufbewahrte Blut- und Knochenmarksausstriche zuverlässige zytochemische Färbungen? Klin Wochenschr 1985; 63:1055–1060

136. Hesse A, Bierth F, Classen A. Saisonale Rhythmik der Harnzusammensetzung und ihre Bedeutung für die Harnsteingenese. J Clin Chem Clin Biochem 1988; 26:751 (Abstract)

137. Hillyer CD, Knopf AN, Berkman EM. EDTA-Dependent Leukoagglutination. Am J Pathol 1990; 94:458–461

138. Hodgkinson A. Sampling Errors in the Determination of Urine Calcium and Oxalate: Solubility of Calcium Oxalate in HCl-Urine Mixtures. Clin Chim Acta 1981; 109:239–244

139. Hodgkinson HM. Changes During Ageing in Immunology, Proteins, Enzymes and Hormones. Ann Clin Biochem 1987; 24 Suppl 2:28 (Abstract)

140. Hölzel WGE. Intra-Individual Variation of Some Analytes in Serum of Patients with Insulin-Dependent Diabetes Mellitus. Clin Chem 1987; 33:57–61

141. Hölzel WGE. Einfluss von Kontrazeptiva auf die intraindividuelle Variation klinisch-biochemischer Parameter. Z med Lab diagn 1989; 30: 113–117

142. Holt JA, Boos RJ, Barnes RB. Effects of IV Hydration on Levels of hCG in the Serum and Urine of Women with Possible Ectopic Pregnancy. Lab Med 1989; 20:701–704

143. Hooper RJL, Worrall JG, Phongsathorn V, Paice EW. Effect of racial variation in serum creatine kinase on interpretation: a case report. Ann Clin Biochem 1992; 29:229–230

144. Houssein I, Wilcox H, Barron J. Effect of Heat Treatment on Results for Biochemical Analysis of Plasma and Serum. Clin Chem 1985; 31:2028–2030

145. Howanitz PJ. Quality Assurance Measurements in Departments of Pathology and Laboratory Medicine. Arch Pathol Lab Med 1990; 114:1131–1135

146. Howanitz PJ, Cembrowski GS, Bachner P. Laboratory Phlebotomy. Arch Pathol Lab Med 1991; 115: 867–872

147. Howanitz PJ, Steindel SJ. Intralaboratory Performance and Laboratorians' Expectations for Stat Turnaround Times. Arch Pathol Lab Med 1991; 115:977–983

148. Hyltoft Petersen P, Lytken Larsen M, Horder M, Blaaberg O. Influence of analytical qualitity and preanalytical variations on measurements of cholesterol in screening programs. Scand J Clin Lab Invest 1990; 50 Suppl 198:66–72

149. Hytten FE, Lind T. Diagnostic Indices in Pregnancy. Ciba-Geigy, Basel 1973

150. Ikachuk M, Zimmermann K, Lockitch G. The Effect of Normal Gestation on Serum Hormones. Clin Chem 1990; 36:1146 (Abstract)

151. Inloes R, Clark D, Drobnies A. Interference of Fluorescein, Used in Retinal Angiography, with Certain Clinical Laboratory Tests. Clin Chem 1987; 33:2126–2127 (Letter)

152. Jacoby H. Evacuated Tubes for Blood Specimen Collection. 3rd ed. NCCLS H1-A3, Villanova 1991

153. Jern C, Wadenvik H, Mark H, Hallgren J, Jern S. Haematological changes during acute mental stress. Br J Haematol 1989; 71:153–156

154. Johnson HA. Diminishing Returns on the Road to Diagnostic Certainty. JAMA 1991; 265:2229–2231

155. Junge B, Hoffmeister H, Feddersen HM, Röcker L. Standardisierung der Blutentnahme. Dtsch Med Wochenschr 1978; 103:260–265

156. Kaiser V, Janssen E, van Wersch JWJ. Sweat Excretion of Iron in Long Distance Runners. Ann Clin Biochem 1987; 24 Suppl 2:60 (Abstract)

157. Kallner A, Magid E, Albert W, editors. Improvement of Comparability and Compatibility of Laboratory Assay Results in Life Sciences.Scand J Clin Lab Invest 1991; 51 Suppl 205
158. Katz SA. Collection and Preparation of Biological Tissues and Fluids for Trace Element Analysis. Intern Clin Products Rev Jul/Aug 1985; 13–19
159. Keller H. Das voranalytische Konsilium - Ziel und Instrumentarium. Mitt DGKC 1983; 14:178–194
160. Keller H. Relevante Parameter. bulletin SGKC 1990; 31/4:5–12
161. Keller H. Klinisch-chemische Labordiagnostik für die Praxis. 2. Aufl., G. Thieme, Stuttgart/New York 1991
162. Keller H, Gessner U. Auswahl und Interpretation diagnostischer Parameter. Internist 1980; 21: 173–180
163. Keller H, Guder WG, Hansert E, Stamm D. Biological Influence Factors and Interference Factors in Clinical Chemistry. J Clin Chem Clin Biochem 1985; 23:3–6
164. Kemp GJ, Blumsohn A, Morris BW. Circadian Changes in Plasma Phosphate Concentration, Urinary Phosphate Excretion, and Cellular Phosphate Shifts. Clin Chem 1992; 38: 400–402
165. Kern F. Normal Plasma Cholesterol in an 88-Year-Old Man Who Eats 25 Eggs a Day. N Engl J Med 1991; 324: 896-899
166. Keshgegian AA, Bull GE. Evaluation of a Soft-Handling Computerized Pneumatic Tube Specimen Delivery System. Am J Clin Pathol 1992; 97:535–540
167. Khalaf AN, Böcker J, Kerp L, Petersen KG. Urine Screening in Outdoor Volunteers: Day versus Night versus 24-Hour-Collection. Eur J Clin Chem Clin Biochem 1991; 29:185–188
168. Klosson RJ. Einfluss der Alterung von EDTA-Blutproben auf die Ergebnisse von hämatologischen Analysengeräten. Lab med 1989; 13:181 (Abstract)
169. Koch CD, Burkhardt H, Wepler R, Blersch J. Einfluss von thermischer und mechanischer Belastung auf 17 klinisch-chemischer Parameter. Lab med 1983; 7:23–28
170. Koepke JA, van Assendelft OW, Bull BS, Richardson-Jones A. Standardization of EDTA Anticoagulation for Blood Countig Procedures. Labmedica 1989; 6/1:15–17
171. Koepke JA, Klee GG. The Process of Quality Assurance. Arch Pathol Lab Med 1990; 114: 1136–1139
172. Kohse KP, Wisser H. Antibodies as a Source of Analytical Error. J Clin Chem Clin Biochem 1990; 28:881–892
173. Koivula T, Grönroos P, Gävert J, Icen A, Irjala K, Penttilä I et al. Basic urinalysis and urine culture: Finnish recommendations from the working group on clean midstream specimens. Scand J Clin Lab Invest 1990; 50 Suppl 200:26–33
174. Kunze M, Volkmann H, Köhler W. Untersuchungen zur Bedeutung der Hautkontamination bei Blutkulturentnahmen. Z Gesamte Inn Med 1979; 34:662–666
175. Kuse R, Möller P, Münster B, Thom R. Ergebnisverfälschung von Erythrozytenzahl und Zellpackungsvolumen durch Kunststoff-Einwegbecher und Verdünnungslösungen. Lab med 1987; 11: 198 (Abstract)
176. Lämmle B, Noll G, Häuptli W, Tran TH, Luengo E, Lohri A et al. Ein häufiges Problem bei der Laborkontrolle der Heparinisierung: Kontamination der Blutproben mit exogenem Heparin. Schweiz Med Wochenschr 1984; 114:873–875
177. Lamerz R, Dati F, Feller AC, Schnorr G. Tumordiagnostik. Behringwerke, Marburg 1988
178. Lang H: Einführung. In: Lang H, Greiling H, Herausgeber. Pathobiochemie der Entzündung. Springer, Berlin/Heidelberg/New York 1984:1–6
179. Lang H, Rick, W, Büttner H, Herausgeber. Strategien für den Einsatz klinisch-chemischer Untersuchungen. Springer, Berlin/Heidelberg/New York 1982
180. Larsson A, Karlsson-Parra A, Sjöquist J. Use of Chicken Antibodies in Enzyme Immunoassays to Avoid Interference by Rheumatoid Factors. Clin Chem 1991; 37:411–414
181. Lemmer B. Chronobiologie und zirkadiane Rhythmik bei Schmerz und Schmerztherapie. EULAR Bull 1988; 2:44–49
182. Leppänen EA, Gräsbeck R. Experimental basis of standardized specimen collection: the effect of moderate ethanol consumption on some serum components (K, Na, ASAT, ALAT, CK, LD, total protein). Scand J Clin Lab Invest 1987; 47:337–343
183. Letellier G, Desjarlais F. Study of Seasonal Variations for Eighteen Biochemical Parameters Over a Four-Year Period. Clin Biochem 1982; 15:206–211

184. Levine RJ, Mathew RM, Brandon Chenault C, Brown MH, Hurtt ME, Bentley KS et al. Differences in the Quality of Semen in Outdoor Workers During Summer and Winter. N Engl J Med 1990; 323:12–16
185. Levinson SS. Antibody Multispecificity in Immunoassay Interference. Clin. Biochem. 1992; 25: 77–87
186. Lewis SM. Standardization in Haematology. Labmedica 1988; 5: 25–28
187. Lewis SM, England JM, Rowan RM. Current concerns in hematology 3: Blood count calibration. J Clin Pathol 1991; 44:881–884
188. Lewis SM, England J, Rowan RM, Verwilghen RL. Standardized Hematology Reports. Am J Clin Pathol 1991; 96:556 (Letter)
189. Lindenmann J. Einführung in die bakteriologische Diagnostik. S. Karger, Basel/New York 1960: 101–102
190. Lippi U, Schinella M, Modena N, Nicoli M. Unpredictable Effects of K_3EDTA on Mean Platelet Volume. Am J Clin Pathol 1987; 87:391–393
191. Liss E, Bechtel S. Improvement of Glucose Preservation in Blood Samples. J Clin Chem Clin Biochem 1990; 28:689–690
192. Liss E, Bechtel S. Glukosekonservierung mit D-Mannose in Blutproben Neugeborener. Ärztl Lab 1991; 37:37–38
193. Löffler H. Der Stellenwert von Zytochemie und Differentialblutbild in der hämatologischen Diagnostik. mta 1983; 5:188–192
194. Lott JA, Durbridge TC. Use of Chernoff Faces to Follow Trends in Laboratory Data. J Clin Lab Anal 1990; 4:59–63
195. Lubran MM. Hematologic Side Effects of Drugs. Ann Clin Lab Sci 1989; 19:114–121
196. Lugton RA. The ESR re-examined. Med Lab Sci 1987; 44:207–214
197. Lundberg GD. Completing the Laboratory Test Loop. Lab Med 1990; 21:215 (Editorial)
198. Mairbäurl H, Schobersberger W, Oelz O, Bärtsch P, Eckardt KU, Bauer C. Unchanged in vivo P_{50} at high altitude despite decreased erythrocyte age and elevated 2,3-diphosphoglycerate. J Appl Physiol 1990; 68:1186–1194
199. Marsch HJ. Collection and Transportation of Single-Collection Urine Specimens. NCCLS GP8-P, Villanova 1985
200. Marti H, Bordmann G, Weiss N. Neue Trends in der parasitologischen Diagnostik. Ther Umsch 1990; 47:827–832
201. Masoro EJ. Biology of Aging: Facts, Thoughts, and Experimental Approaches. Lab Invest 1991; 65: 500–510
202. Maurer C. Auswirkungen operativer Eingriffe. In: Lang H, Rick W, Róka L, Herausgeber. Optimierung der Diagnostik. Springer, Berlin/Heidelberg/New York 1973:103–109
203. Mc Neely MDD. Computerized Interpretation of Laboratory Tests: An Overview of Systems, Basic Principles and Logic Technique. Clin Biochem 1983; 16:141–146
204. Mc Vittie J. Laboratory Reporting. Newssheet Ass Clin Biochem 1990; 325:10–16
205. Meites S. Skin-Puncture an Blood-Collecting Technique for Infants: Update and Problems. Clin Chem 1988; 34:1890–1894
206. Meites S. Pediatric Clinical Chemistry. 3rd ed., AACC Press, Washington 1989
207. Merck E. (Hsg.) Hämatologische Labormethoden. 4. Aufl., GIT- Verlag, Darmstadt 1986
208. Meulenberg PMM, Hofman JA. The effect of oral contraceptive use and pregnancy on the daily rhythm of cortisol and cortisone. Clin Chim Acta 1990; 190:211–222
209. Meyer UA, Zanger UA, Grant D, Blum M. Genetic Polymorphisms of Drug Metabolism. Adv Res 1990; 19:197–241
210. Miksits K, Hahn H. Klinisch-mikrobiologisches Management. Springer, Berlin/Heidelberg/New York 1991
211. Miller M, Bachorik PS, Cloey TA. Normal Variation of Plasma Lipoproteins: Postural Effects on Plasma Concentrations of Lipids, Lipoproteins, and Apolipoproteins. Clin Chem 1992; 38:569– 574
212. Mira M, Stewart PM, Gebski V, Llewellyn-Jones D, Abraham SF. Changes in Sodium and Uric Acid Concentration in Plasma During the Menstrual Cycle. Clin Chem 1984; 30:380–381
213. Mödder B, Menthen I. Pseudohyperkaliämie im Serum bei reaktiven Thrombozyten und Thrombozythämien. Dtsch Med Wochenschr 1986; 111:329–332

214. Mössner E, Lenz H, Biehaus G. Elimination of heterophilic antibody interference in monoclonal sandwich tests. Clin Chem 1990; 36:1093 (Letter)
215. Moniz CF, Nicolaidis KH, Bamforth FJ, Rodeck CH. Normal reference ranges for biochemical substances relating to renal, hepatic, and bone function in fetal and maternal plasma throughout pregnancy. J Clin Pathol 1985; 38:468–472
216. Mortensen H, Mølsted-Petersen L, Schmølker L, Olesen H. Reference intervals for urinary glucose in pregnancy. Scand J Clin Lab Invest 1984; 44:409–412
217. Mortensen HB, Schou C. Variations in blood constituents of healthy full term infants as related to body weight in the new-born period. Scand J Clin Lab Invest 1988; 48: 801-804
218. Moss G, Staunton Ch. Blood Flow, Needle Size and Hemolysis – Examining an Old Wives' Tale. N Engl J Med 1970; 17:282
219. Müller-Plathe O. Säure-Basen-Haushalt und Blutgasanalyse. 2. Aufl., G. Thieme, Stuttgart 1982
220. Müller-Plathe O. Qualitätssicherung in der Blutgasanalytik. Lab med 1985; 9: 267–270
221. Murray PR. Clinical Predicitve Value of In Vitro Susceptibility Tests. Clin Microbiol Newsletter 1990; 12:44–45
222. Myhre BA. Problems in Crossmatching Blood from Cancer Patients. Ann Clin Lab Sci 1983; 13: 143–149
223. Naesh O, Friis JT, Hindberg T, Winther K. Plateled function in surgical stress. Thromb Haemost 1985; 54: 849-852
224. Narayanan S. Inhibition of In Vitro Platelet Aggregation and Release and Fibrinolysis. Ann Clin Lab Sci 1989; 19:260–265
225. Neymeyer HG. Notfallmedizinische Laboratoriumsdiagnostik. Z med Lab diagn 1986; 27/6 Beilage
226. Nilius R. Rationaler Umgang mit der Labordiagnostik aus der Sicht des Klinikers. Z med Lab diagn 1985; 26:119–129
227. Nosanchuk JS, Stull R, Keefner R. The Effect of Substitution of Plasma for Serum on Chemistry Stat Turnaround Time. Lab Med 1991; 22:465–469
228. Oette K. Auswirkungen diagnostischer Massnahmen auf klinisch-chemische Parameter. In: Lang H, Rick W, Róka L, Herausgeber. Optimierung der Diagnostik. Springer, Berlin/Heidelberg/New York 1973:91–101
229. O'Leary P, Boyne P, Flett P, Beilby J, James I. Longitudinal Assessment of Changes in Reproductive Hormones during Normal Pregnancy. Clin Chem 1991; 37:667–672
230. Ooi DS, Moors DE, Thjissen AM. Effect of transurethral resection of prostate on prostate specific antigen and prostatic acid phosphatase. Clin Chem 1990; 36: 1049 (Abstract)
231. Oster O, Prellwitz W. Die Notwendigkeit der Bestimmung von Spurenelementen. Ärztl Lab 1984; 30:119–127
232. Palmblad JE. Stress-related modulation of immunity: a review of human studies. Cancer Detect Prev Suppl 1987; 1:57–64
233. Panteghini M, Pagani F, Alebardi O, Lancini G, Cestari R. Time Course of Changes in Pancreatic Enzymes, Isoenzymes, and Isoforms in Serum after Endoscopic Retrograde Cholangiopancreatography. Clin Chem 1991; 37:1602–1605
234. Panteghini M, Pagani F, Bonora R. Pre-Analytical and Biological Variability of Prostatic Acid Phosphatase and Prostate-Specific Antigen in Serum from Patients with Prostatic Pathology. Eur J Clin Chem Clin Biochem 1992; 30:135–139
235. Payne RB. Creatinine clearance: a redundant clinical investigation. Ann Clin Biochem 1986; 23: 243–250
236. Peake M, Pejakovic M, Aldermann MJ, Penberthy LA, Walmsley RN. Mechanism of Platelet Interference with Measurement of Lactate Dehydrogenase Activity in Plasma. Clin Chem. 1984; 30:518–520
237. Pearce CJ, Hine TJ, Peek K. Hypercalcaemia due to calcium binding by a polymeric IgA-paraprotein. Ann Clin Biochem 1991; 28:229–234
238. Pendergraph GE. Handbook of Phlebotomy. 2nd ed., Lea & Febiger, Philadelphia 1988
239. Perry DA, Markin RS, Rose SG, Schenken JR. Changes in Laboratory Values in Patients Receiving Total Parenteral Nutrition. Lab Med 1990; 21:97–102
240. Petithory JC. Normalisation des tubes à prelèvement. Info Sci Biol 1986; 13:53–55
241. Pewarchuk W, VanderBoom J, Blajchman MA. Pseudopolycythemia, Pseudothrombocytopenia, and Pseudoleukopenia due to Overfilling of Blood Collection Vacuum Tubes. Arch Pathol Lab Med 1992; 116:90–92

242. Pezzlo M. Significance of Low-Count Bacteriuria. Clin Microbiol Newsletter 1990; 12:60–61
243. Pilz S. Der Einfluß präanalytischer Faktoren auf die Aussagefähigkeit labordiagnostischer Untersuchungsmethoden. Z med Lab diagn 1982; 23/1 Beilage
244. Pinatel MC. Spermogramme: technique de réalisation. Ann Biol Clin 1985; 43:49–53
245a. Pippenger CE. Therapeutic Drug Monitoring Techniques. Lab Med 1990; 21: 353–358
245b. Poley S, Samtleben W, Holl J, Hero B, Hofmann K, Stieber P et al. In-vivo-Einflüsse und In-vitro-Effekte auf die Tumormarker-Bestimmung. Lab med 1993; 17:238 (Abstract)
246. Politser PE. How to Make Laboratory Information More Informative. Clin Chem 1986; 32:1510–1516
247. Prellwitz W. Klinisch-chemische Diagnostik. G. Thieme,Stuttgart 1972
248. Ralston SH, Lough M, Sturrock RD. Rheumatoid arthritis: an unrecognised cause of pseudo-hyperkaliaemia. Br Med J 1988; 297:523–524
249. Ramezani R. Erstellung eines Differentialblutbilds bei Leukopenie. mta 1991; 6:808
250. Read DC, Viera H, Arkin C. Effect of Drawing Blood Specimens Proximal to an In-Place but Discontinued Intravenous Solution. Am J Clin Pathol 1988; 90:702–706
251. Reardon DM, Warner B, Trowbridge EA. EDTA, the traditional anticoagulant of haematology: with increased automation is it time for a review? Med Lab Sci 1991; 48:72–75
252. Redl H, Bahrami S, Leichtfried G, Schlag G. Special Collection and Storage Tubes for Blood Endotoxin and Cytokine Measurements. Clin Chem 1992; 38:764–765
253. Rehak NN, Chiang BT. Storage of Whole Blood: Effect of Temperature on the Measured Concentration of Analytes in Serum. Clin Chem 1988; 34:2111–2114
254a. Rehfeld N. Zum Einfluß von Hautdesinfektionsmitteln auf ausgewählte Laborparameter. Z med Lab diagn 1986; 27:288–289
254b. Reidenberg MM, Gu ZP, Lorenzo B, Coutinho E, Athayde C, Frick J et al. Differences in Serum Potassium Concentrations in Normal Men in Different Geographic Locations. Clin Chem 1993; 39:72–75
255. Reinicke C. Die Bedeutung laboratoriumsdiagnostischer Untersuchungen für die rechtzeitige Erkennung unerwünschter Arzneimittelnebenwirkungen. Z med Lab diagn 1982; 23/4 Beilage
256. Reuben DB, Wachtel TJ, Brown PC, Driscoll JL. Transient Proteinuria in Emergency Medical Admissions. N Engl J Med 1982; 306:1031–1033
257. Reynolds TM, Penney MD, Hughes H, John R. The effect of weight correction on risk calculations for Down's syndrome screening. Ann Clin Biochem 1991; 28:245–249
258. Riches PG, Sheldon J, Smith AM, Hobbs JR. Overestimation of monoclonal immunoglobulin by immunochemical methods. Ann Clin Biochem 1991; 28:253–259
259. Roberts GW, Aldis JJE. Falsely High Serum Drug Concentrations Caused by Blood Samples from Contaminated Fingers. Ther Drug Monit 1990; 12:558–561
260. Robinson D, Whitehead TP. Effect of body mass and other factors on serum liver enzyme levels in men attending for well population screening. Ann Clin Biochem 1989; 26:393–400
261. Rodriguez-Segade S, Camina MF, Paz JM, Del Rio R. Abnormal serum immunoglobulin concentrations in patients with diabetes mellitus. Clin Chim Acta 1991; 203:135–142
262. Röcker L, Schmidt HM, Junge B, Hoffmeister H. Orthostasebedingte Fehler bei Laboratoriumsbefunden. Med Labor 1975; 28: 267–275
263. Röcker L, Schmidt HM, Motz W. Der Einfluss körperlicher Leistungen auf Laboratoriumsbefunde im Blut. Aerztl Lab 1977; 23: 351–357
264. Roenneberg T. Lebensräume und Zeiträume. Universitas 1992; 47:236–245
265a. Ronquist G, Andersson G, Alin Y. Use of Lithium to Determine Volume of 24-h Urine Specimens. Clin Chem 1985; 31:1413–1414 (Letter)
265b. Rosol IJ, Capen CC. Mechanisms of Cancer-Induced Hypercalcemia. Lab Invest 1992; 67:680–701
266. Ross DW, Ayscue LH, Watson J, Bentley SA. Stability of Hematologic Parameters in Healthy Subjects. Am J Clin Pathol 1988; 90: 262-267
267. Roth S, Renner E, Rathert P. Diagnostik der glomerulären Mikrohämaturie. Urologe [A] 1991; 30: 127-133
268. Rubin C, Wood PJ, Archer T, Rowe DJF. Changes in serum ferritin and other "acute phase" proteins following major surgery. Ann Clin Biochem 1984; 21:290–294
269. Rüdinger MF. Ueberschichtung von offenen Probengefäßen mit Siliconöl. LaborMedizin 1980; 3: 386–388

270. Ryback RS et al. Laboratory Test Changes in Young Abstinent Male Alcoholics. Am J Clin Pathol 1985; 83:474 479

271. Ryder KW, Glick MR, Glick SJ. Incidence and Amount of Turbidity, Hemolysis, and Icterus in Serum from Outpatients. Lab Med 1991; 22:415–418

272. Salvaggio A, Periti M, Miano L, Tavanelli M, Marzorati D. Body Mass Index and Liver Enzyme Activity in Serum. Clin Chem 1991; 37:720–723

273. Salway JG. Drug-Test Interactions Handbook. Chapman & Hall, London 1990

274. Sarkozi L, Ramanathan L, Narayanan S. In-vitro and Methodological Effects of Sodium, Ammonium and Lithium Heparinate on Frequently Assayed Biochemical Constituents. J Clin Chem Clin Biochem 1981; 19:825 (Abstract)

275. Savage RA. Analytic Inaccuracy Resulting from Hematology Specimen Characteristics. Am J Clin Pathol 1989; 92:295–299

276. Schädel JM, Rehfeld N. Der Einfluss hormonaler Kontrazeptiva auf die Aktivität verschiedener Enzyme im Blutserum. Z med Lab diagn 1985; 26:77–85

277. Schifman RB. Quality Assurance Goals in Clinical Pathology. Arch Pathol Lab Med 1990; 114: 1140–1144

278. Schlebusch H. Qualitätskontrolle in der Blutgasanalytik. mta 1991; 6: 900–908

279. Schlebusch H. Endogenous digoxin-like immunoreactive factors (DLIF): Impact on the results of two homogenous immunoassays for digoxin. Fresenius J Anal Chem 1992; 343:113 114 (Abstract)

280a. Schlumpf V, Ragaz A, Keller R. Die arterielle „Mikro"- Blutgasanalyse. Schweiz Med Wochenschr 1981; 111:42–45

280b. Schmidt C, Müller-Plathe O. Stability of pO_2, pCO_2 and pH in Heparinized Whole Blood Samples: Influence of Storage Temperature with Regard to Leucozyte Count and Springe Material. Eur J Clin Chem Clin Bochem 1992; 30:767–773

281. Schmidt E. Serum-CK nach intramuskulärer Injektion. Dtsch Med Wochenschr 1983; 108:1654–1655

282. Schneider W. Einfluss der präanalytischen Phase auf hämatologische Untersuchungsergebnisse. Lab med 1983; 7: A+B 136-142

283. Schwaberger G. Heart rate, metabolic and hormonal responses to maximal psychoemotional and physical stress in motor car racing drivers. Int Arch Occup Environ Health 1987; 59:579–604

284. Seeff LB, Cuccherini BA, Zimmerman HJ, Adler E, Benjamin SB. Acetaminophen hepatotoxicity in alcoholics - A therapeutic misadventure. Ann Intern Med 1986; 104:399–404

285. Selavka CM. Poppy seed ingestion as a contrbuting factor to opiate-positive urinalysis results. J Forensic Sci 1991; 36:685–696

286. Seuffer R. Hautpunktionsblut. Lab med 1991; 15:406–408

287. Shakespeare PG, Ball AJ, Spurr ED. Serum protein changes after abdominal surgery. Ann Clin Biochem 1989; 26:49–57

288. Shepard MDS, Penberthy LA, Fraser CG. Short and Long-Term Biological Variation in Analytes of Urine of Apparently Healthy Individuals. Clin Chem 1981; 27:569–573

289. Siest G. Les examens de laboratoire et les médicaments. Sem. Hôpitaux 1984; 60:2655–2678

290. Siest G, Galteau MM. Drug Effects on Laboratory Test Results. PSG Publishing Company Inc., Littleton 1988

291. Siest G, Henny J, Schiele F. Références en biologie clinique. Elsevier, Paris 1990

292. Skendzel LP, Barnett RN, Platt R. Medically Useful Criteria for Analytic Performance of Laboratory Tests. Ann Clin Pathol 1985; 83:200–205

293. Skrabanek P, McCormick J. Follies and Fallacies in Medicine. Tarragon Press, Glasgow 1989

294. Slockbower JM. Evacuated Tubes for Blood Specimen Collection. NCCLS H1-A2, Villanova 1980

295. Slockbower JM. Collection Containers for Specimens for Toxicological Analysis. NCCLS H31-P, Villanova 1986

296. Slockbower JM. Procedures for the Collection of Diagnostic Blood Specimens by Venipuncture. NCCLS H3-A3, Villanova 1991

297. Slockbower JM, Blumenfeld TA, editors. Collection and Handling of Laboratory Specimens. Lippincott, Philadelphia 1983

298. Smoller BR, Kruskall MS. Phlebotomy for Diagnostic Laboratory Tests in Adults. N Engl J Med 1986; 314:1233–1235

299. Soldin SJ, Papanastasion A, Heyes J, Lingwood C, Olley P. Are Immunoassays for Digoxin Reliable? Clin Biochem 1984; 17:317 320
300. Sonntag O. Arzneimittel-Interferenzen. G. Thieme, Stuttgart 1985
301. Sonntag O. Haemolysis as an Interference Factor in Clinical Chemistry. J Clin Chem Clin Biochem 1986; 24:127–139
302a. Sorensen K. Possible Explanation for Decrease in Albumin Content during Storage of Urine Samples. Clin Chem 1991; 37:2013 (Letter)
302b. Späth-Schwalbe E, Heimpel H. Pseudothrombozytopenie – Pseudothrombozytose. Lab med 1993; 17:152–157
303. Speicher CE, Smith JW. Choosing Effective Laboratory Tests. W.B. Saunders, Philadelphia 1983
304. Spencker F-B. Das klinisch-mikrobiologische Laboratorium: Aufgaben, Methodenspektrum, Arbeitsweise. Z med Lab diagn 1989; 30/2 Beilage
305. Spiehler VR. Development of Requisition Forms for Therapeutic Drug Monitoring and/or Overdose Toxicology. NCCLS T/DM1-A, Villanova 1991
306. Stamm D. Zur Tätigkeit eines Arztes für Laboratoriumsmedizin. Mitt DGKC 1990; 21:109–117
307. Stamm D. 25 Years of Clinical Chemistry. Eur J Clin Chem Clin Biochem 1991; 29:461–470
308. Stamminger G, Hölzel W, Kusnick S, Rublack F. Stabilität individueller Referenzbereiche hämatologischer Kenngrössen des peripheren Blutes unter dem Einfluß wiederholten Plasmaentzugs. Eur J Clin Chem Clin Biochem 1991; 29:651 (Abstract)
309. Stark RP, Maki DG. Bacteriuria in the Catheterized Patient. N Engl J Med 1984; 311:560–564
310. Staudinger H. Rückblick und Ausblick. In: Kattermann R, Herausgeber. Naturwissenschaften und Medizin. KCI, Mannheim 1985
311. Stocker K. Hirudin for Diagnostic Purposes. Haemostasis 1991; 21 suppl. 1:161–167
312. Stratton CW. The Use and Abuse of Blood Cultures. Inf Dis Newsletter 1991; 10: 27–31
313. Strubelt O. Kaffee und Serum-Cholesterin. Dtsch Med Wochenschr 1990; 115:479 (Brief)
314. Thieler H. Urinentnahme bei Frauen. Dtsch Med Wochenschr 1981; 106:597 (Brief)
315. Thomson RD, Clejan S. Digital Rectal Examination-Associated Alterations in Serum Prostate-Specific Antigen. Am J Clin Pathol 1992; 97:528–534
316. Tietz NW, editor. Clinical Guide to Laboratory Tests. 2nd ed., W.B. Saunders, Philadelphia 1990
317. Toffaletti J, Ernst P, Hunt P, Abrams B. Dry Electrolyte-Balanced Heparinized Syringes Evaluated for Determining Ionized Calcium and Other Electrolytes in Whole Blood. Clin Chem 1991; 37: 1730–1733
318. Touitou Y, Haus E, editors. Biologic Rhythms in Clinical and Laboratory Medicine. Springer, Berlin/Heidelberg/New York 1992
319. Tripodi A, Mannucci PM. Marker zur Früherkennung venöser Thrombosen. Diagnose & Labor 1992; 42/1:12–19
320. Tryding N, Roos K-A, editors. Drug Interferences and Drug Effects in Clinical Chemistry. 6th ed., Apoteksbolaget, Stockholm 1992
321. Uldall A. Quality Assurance in Clinical Chemistry. Scand J Clin Lab Invest 1987; 47 suppl. 187
322. Valaske MJ, editor. So you're going to collect a blood specimen. College of American Pathologists, Skokie 1982
323. Valdigué PM, Rogari E, Philippe H. VALAB: Expert System for Validation of Biochemical Data. Clin Chem 1992; 38:83–87
324. Vanderlinde RE. Guidelines for Providing Quality Stat Laboratory Services. AACC Press, Washington 1987
325. Voigt HW. Klärung lipämischer Seren durch neues Verfahren. Laboratoriumsblätter 1977; 27: 168–172
326. von Bormann R, Sturm G, Kling D, Scheld HH, Boldt J, Hempelmann G. Wertigkeit endokriner Stress-Parameter. Anaesthesist 1985; 34:280–286
327. von Graevenitz A. Klinische Relevanz bakteriologischer Unter- suchungen. Schweiz Rundsch Med Prax 1982; 71: 865-870
328. von Graevenitz A. Optimale Nutzung des klinisch-mikrobiologischen Laboratoriums durch den Kliniker. Ther Umsch 1982; 39:726–730
329. von Graevenitz A. Unnötige bakteriologische Untersuchungen. Schweiz Rundsch Med Prax 1991; 80:361–363

330. Wahba AHW. HFA 2000 and the Clinical Laboratory. IFCC news 1987; 2: 4

331. Walder H, Lin FC, Narayanan S. Effect of Blood Specimen Container on Trace Element Analysis. Ann Clin Biochem 1987/2 suppl.: 268 (Abstract)

332. Ward Platt MP, Tarbit MJ, Aynsley-Green A. The Effects of Anesthesia and Surgery on Metabolic Homeostasis in Infancy and Childhood. J Pediatr Surg 1990; 25:472–478

333. Wasenius A, Stugaard M, Otterstad JE, Fryshov D. Diurnal and monthly intra-individual variability of the concentration of lipids, lipoproteins and apoproteins. Scand J Clin Lab Invest 1990; 50: 635–642

334. Watson KR, O'Kell RT, Joyce JT. Data Regarding Blood Drawing Sites in Patients Receiving Intravenous Fluids. Am J Clin Pathol 1983; 79:119–121

335. Watts NB. Medical Relevance of Laboratory Tests. Arch Pathol Lab Med 1988; 112:379–382

336. Weatherburn MW. Interlaboratory Studies in Clinical Chemistry – The Canadian Experience. Clin Biochem 1987; 20:13–19

337. Weber TJ, Käpyaho K, Tanner P. Endogenous interferences in immunoassays in clinical chemistry. Scand J Clin Lab Invest 1990; 50 suppl. 201:77–82

338. Weiss N. Grundsätzliches zur Immundiagnostik am Beispiel parasitärer Infektionen. Ther Umsch 1990; 47: 833–838

339. Wenk RE. Collection and Preservation of Timed Urine Specimens. NCCLS GP13-P, Villanova 1987

340. Weston CFM, Hall MJ. Pancytopenia and folate deficiency in alcoholics. Postgrad Med J 1987; 63: 117–120

341. WHO/IFCC. What are the essential tests? IFCC news 1986/3; 4

342. Winsten A, Gordesky SE. Transportation of Specimens. In: Faulkner WR, Meites S, editors. Selected Methods for the Small Clinical Chemistry Laboratory. AACC, Washington 1982: 11–15

343. Wiseman JD. Devices for Collection of Skin Puncture Blood Specimens. NCCLS H14-A2, Villanova 1990

344. Wisser H, Breuer H. Circadian Changes of Clinical Chemical and Endocrinological Parameters. J Clin Chem Clin Biochem 1981; 19:323–337

345. Wisser H, Knoll E. Tageszeitliche Aenderungen klinisch-chemischer Messgrössen. Ärztl Lab 1982; 28:–99–108

346. Wisser H, Zeller A. Zur Problematik überholter und überflüssiger Laborleistungen. Aerztl Lab 1984; 30:69–74

347. Woitinas F. Hämostasestörungen bei akuten und chronischen Leukämien. Dtsch Med Wochenschr 1991; 116:1154–1159

348. Wood WG. „Matrix Effects" in Immunoassays. Scand J Clin Lab Invest 1991; 51 suppl. 205: 105–112

349. Wright DN, Boshard R, Ahlin P, Saxon B, Matsen JM. Effect of Urine Preservation on Urine Screening and Organism Identification. Arch Pathol Lab Med 1985; 109:819–822

350. Wulkan RW, Michiels JJ. Pseudohyperkalaemia in Thombocythaemia. J Clin Chem Clin Biochem 1990; 28: 489–491

351. Yegin MM, Soysal T, Keha EE, Çil MY, Ünaldi M, Önder E et al. Alternations of Some Blood Constituents in Ramadan. Clin Chem Newsletter 1983; 3:165–166

352. Young DS. Biological Variability. In: Brown SS, Mitchell FL, Young DS, editors. Chemical Diagnosis of Disease. Elsevier, Amsterdam/New York/Oxford 1979:1–113

353. Young DS. Effects of Drugs on Clinical Laboratory Tests. 3rd ed., AACC Press, Washington 1990

354. Zauber NP, Zauber AG. Hematologic Data of Healthy Very Old People. JAMA 1987; 254: 2181–2184

355. Zehender M, Hohnloser S, Just H. Zirkadiane Rhythmen bei koronarer Herzkrankheit. Dtsch Med Wochenschr 1992; 117:629–637

356. Zekert F, Herausgeber. Einfluß von Operation und Verbrennung auf Proteine. Urban & Schwarzenberg, Wien 1984

357. Zinsmeyer J, Michel A, Devaux SD, Gross J. Gedanken zur Citodiagnostik im Kindesalter. Z med Labor diagn 1985; 26:172–173

358. Zuchhold HD, Klein M, Prellwitz W. Der Einfluß von Silikongel als Trennmittel in Blutentnahmegefässen auf 50 klinisch relevante Serumparameter. Lab med 1987; 10:162

Sachverzeichnis